中国科学院大学本科生教材系列

前沿化学实验

杨国强 等 编著

科学出版社

北 京

内 容 简 介

本书为中国科学院大学化学科学学院所开课程"前沿化学实验"的参考教材。在综合现代化学研究的前沿现状和本学院各岗位教师科研工作的基础上,汇总筛选 24 个实验。所涉及内容涵盖物理化学、有机化学、分析化学、无机化学、计算化学等传统化学领域,以及生物化学、材料化学等新型交叉领域。通过 24 个实验的学习,学生可大致了解当代化学各前沿领域的基本研究方法。

本书可为高等学校化学及相关专业的本科生和硕士研究生提供实验参考。

图书在版编目(CIP)数据

前沿化学实验/杨国强等编著. —北京:科学出版社,2020.6
中国科学院大学本科生教材系列
ISBN 978-7-03-064704-7

Ⅰ. ①前… Ⅱ. ①杨… Ⅲ. ①化学实验–高等学校–教材 Ⅳ. ①O6-3

中国版本图书馆 CIP 数据核字(2020)第 046206 号

责任编辑:丁 里 付林林 / 责任校对:杨 赛
责任印制:张 伟 / 封面设计:迷底书装

科 学 出 版 社 出版
北京东黄城根北街 16 号
邮政编码:100717
http://www.sciencep.com

北京凌奇印刷有限责任公司 印刷
科学出版社发行 各地新华书店经销

*

2020 年 6 月第 一 版 开本:720×1000 B5
2020 年 6 月第一次印刷 印张:8 3/4
字数:170 000

POD定价: 59.00元
(如有印装质量问题,我社负责调换)

前　言

　　化学是一门以实验为基础的学科，对多种实验方法、实验技术的熟练掌握和应用是化学工作者必备的技能之一。在多学科相互渗透、相互促进的今天，现代化学实验技术朝着快速、自动、简便、精确的方向迅速发展。特别是伴随着计算机科学、微电子、显微成像等技术的发展，大量的现代实验手段取代了传统的化学实验操作，使人们对物质世界的认识产生了质的飞跃，对以前无法解决甚至没有认识到的众多科学问题得到了新的答案。在此时代背景之下，化学学科中传统的无机化学实验、物理化学实验、有机化学实验和分析化学实验等课程虽然是化学初学者认识化学、理解化学原理和过程必不可少的实验课程，但其内容以基础为主，远不能跟上现代科研的步伐。

　　为了拓宽化学及相关学科本科生的科研视角，使学生能尽早及全面地了解现代化学研究的发展现状及现阶段科研工作中常用的实验手段，中国科学院大学化学科学学院对当下化学学科各个研究方向中所涉及的前沿领域进行筛选和综合汇总，开设了"前沿化学实验"这门课程，利用承办研究所内各个实验室在研究工作中常用的测试设备，设计了一系列实验，对本科生开放。该课程目前设计了24个实验，每个实验时长为10课时，每名学生根据自己的兴趣和专业需要选择其中不少于6个实验，作为课程的必修内容。这些实验不仅涵盖物理化学、有机化学、分析化学、无机化学、计算化学等传统化学领域，也涉及生物化学、材料化学等交叉领域。该课程的设置旨在通过一个个完整的实验设计，使化学及相关专业的本科生能够了解并掌握现代科研工作中常用的实验方法，提高学生的动手能力，加深学生对现代化学实验原理的理解，培养学生严谨认真、实事求是的科学作风，为未来的发展打下良好的基础。

　　参与本书编写的老师有郗涛、何圣贵、林原、刘美蓉、陆洲、马光辉、马会民、邱东、沈建权、史强、宋卫国、宋延林、孙文华、王德先、王笃金、王建平、王利民、王毅琳、杨国强、姚立、张军、赵江、赵睿、赵镇文、包鹏、郭旭东、韩玉淳、李明珠、刘清宇、史文、韦丽玲、魏炜、杨京法、张金明。参与本书整理和校对的人员有胡睿、孟丽萍、彭澄。本书内容将根据中国科学院大学化学科学学院各教研室实验人员在研究工作中涉及的实验方法进行更新、扩增和再版。

在本书编撰过程中,得到了中国科学院大学、中国科学院大学化学科学学院、中国科学院化学研究所和中国科学院过程工程研究所多位领导和研究人员的关心与支持,在此特表感谢。感谢中国科学院大学教材出版中心对本书出版的资助。

限于作者的水平,书中难免存在疏漏,敬请广大读者批评指正。

作 者

2019 年 11 月于北京

目 录

实验 1 激光扫描共聚焦原理及成像应用

(一) 激光扫描共聚焦系统的原理、结构及微分干涉相差观察

一、实验目的

(1) 掌握共聚焦原理及硬件组成。

(2) 掌握显微镜科勒照明及微分干涉相差调节方法。

(3) 掌握共聚焦软件基本操作。

(4) 了解微分干涉相差原理。

二、实验原理

与常规显微镜相比，激光扫描共聚焦显微镜(简称共聚焦显微镜)可观察细胞和组织的深层结构，可实现光学切片并构建标本的三维立体结构。激光扫描共聚焦显微镜已经成为生物、化学实验室的重要研究工具。在生物和医学领域，共聚焦显微镜主要利用荧光提高反差；在材料科学领域，可观察发荧光的胶囊、聚合物微球等，也可以通过激光的反射光模式分析无荧光材料如纤维等；在工业上，共聚焦显微镜可用于日常的质量检测，如半导体电路中的缺陷等。

共聚焦图像的形成包括 3 个过程：首先，聚焦的激光束通过两个振镜在 X、Y 方向逐点扫描样品；其次，利用光电倍增管 PMT(photomultiplier)或雪崩光电二极管(avalanche photodiode)、磷砷化镓(GaAsP)检测器检测样品发射的荧光；最后，将 PMT 获得的电子信号数字化。

对常规的光学显微镜来说，样品上所有点都是同一时间照射和检测的。对共聚焦显微镜来说，样品是逐点进行照射，荧光也是逐点进行检测的。为了得到整个样品的信息，需要引导激光穿过样品，或相对于激光束移动样品，这个过程称为扫描。相应地，共聚焦系统也称为点探测扫描单元。

共聚焦产生的图像质量不仅受光学元件影响，而且受针孔(pinhole)及样品信息的数字化影响。共聚焦针孔位于检测器 PMT 的前面，与显微镜的物平面也就是物镜的焦平面共轭。检测器 PMT 只能检测通过针孔的光，焦平面外的大部分光被针孔阻挡，不能进行检测。因此，共聚焦显微镜本质上是一个可以进行深度区分的光学系统。通过改变针孔直径，共焦程度可适应实际要求。当针孔全开时，

图像不共焦。另外，针孔可以抑制杂散光，提高图像的对比度。

共聚焦显微镜一般配备微分干涉相差(differential interference contrast, DIC)光学镜组。当光穿过具有不同厚度和不同折射率的物质时，DIC 镜组通过光波相位差放大样品的对比度，使样品产生三维立体结构，从而更易观察，尤其适合一些无色透明、对比度低的样品，如活细胞等。

图 1-1 为微分干涉相差原理图。激光或非偏振光通过起偏镜，成为平面偏振光，进入第一沃拉斯顿棱镜；棱镜将光束分解成偏振方向不同的两束光，二者有一小夹角；然后经过物镜(此时物镜作为聚光镜)，两束光变为平行光束，侧向上略有分离；在穿过样品相邻的区域后，由于样品的厚度和折射率不同，两束光产生光程差，在聚光镜的焦平面汇聚；通过第二沃拉斯顿棱镜后，两束光再次合并为一束光，但仍然有两个平面偏振组分，它们的振动面成一个角度；通过检偏器后，它们的振动面相同，显微镜中间的像平面上产生干涉图像，可通过目镜观察。微分干涉相差图采用的是透射模式，这个图的形成过程并没有共焦，因此微分干涉相差图并不是共聚焦图。

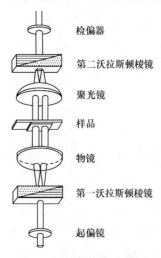

检偏器
第二沃拉斯顿棱镜
聚光镜
样品
物镜
第一沃拉斯顿棱镜
起偏镜

图 1-1　微分干涉相差原理图

本实验所用的共聚焦显微镜硬件部分包括：荧光显微镜、激光器、扫描单元、汞灯、卤素灯、计算机及 UPS(不间断电源)等。

三、实验仪器和材料

实验仪器：FV1000-IX81 激光扫描共聚焦显微镜。

实验材料：0.17 mm 厚盖玻片、荧光样品等。

四、实验步骤

1. 科勒照明光路调准

(1) 将荧光样品置于显微镜载物台上。

(2) 打开卤素灯，调节粗微调旋钮聚焦样品。

(3) 从 "device" 菜单选 "micro controller"，然后选 "condenser"，即去掉 DIC。

(4) 将视场光阑调到最小。

(5) 将聚光镜上的偏光镜去掉。

(6) 调节聚光镜大旋钮调整聚光镜高低，使内接多边形清晰。调节两小旋钮调整聚光镜左右位置，即多边形位置。

(7) 在 10 倍镜下，将多边形轮廓调清晰并调到视野中间，换 40 倍镜微调，调大视场光阑，将多边形调至视野中间。

2. DIC 调节步骤

(1) 从 "device" 菜单选 "micro controller"，然后选 "condenser"，即去掉 DIC。
(2) 拔掉右目镜。
(3) 看黑线是否在中间，是否黑，如有问题再调节偏光镜旋钮和 DIC 旋钮，可根据样品实际图像微调 DIC 旋钮。

3. 共聚焦扫描成像

(1) 在显微镜透射光下找样品。
(2) 选择激发波长并设置光路。
(3) 选取合适视野。
(4) 共聚焦预扫样品，调节参数包括激光输出功率、光电倍增管电压、增益、针孔大小、Zoom 值等。
(5) 共聚焦 *XY* 成像及 DIC 成像，保存图片。

五、实验结果与讨论

共聚焦成像与什么因素有关？怎样才能拍好一张共聚焦图像？

六、注意事项

(1) 每次切换物镜时务必先将其落至最低位置。实验结束后，务必将物镜落至最低位置，然后切换到 4 倍物镜处。
(2) 实验完毕后，将汞灯手动光闸关闭，即由空心圈转至实心圈。
(3) 调焦找样品时，注意微粗调的转换，并且注意观察显示器操作界面上焦距的数值，防止焦平面调得过高损伤物镜镜头。一般样品焦平面在±1000 μm 以内(相对值，每台仪器不同)。
(4) 用镜头液(70%乙醚和 30%乙醇)擦拭镜头时，向一个方向擦拭，不要来回擦，用力要轻。

七、思考题

(1) 为什么要将聚光镜调节成科勒照明？
(2) DIC 图相比相差图和普通明场有什么优点？为什么？

(二) 细胞核、细胞质的标记及共聚焦成像

一、实验目的

(1) 掌握活细胞及固定细胞的细胞核、细胞质标记方法。

(2) 掌握共聚焦双标样品成像方法。

二、实验原理

PI(propidium iodide，碘化丙锭)、Hoechst、DAPI (4,6-diamidino-2-phenylindole，4,6-二脒基-2-苯基吲哚)为标记细胞核常用的荧光探针。PI 是一种可对 DNA (deoxyribonucleic acid，脱氧核糖核酸)和 RNA(ribonucleic acid，核糖核酸)染色的细胞核染色试剂，是一种溴化乙锭的类似物，在嵌入双链 DNA 和 RNA 后释放红色荧光。它与核酸反应速率快，几分钟即可完成，操作简单，产生的荧光效率高。但该反应无碱基特异性，因此它所标记的是细胞的 DNA 和 RNA 的总量。当只观察 DNA 时，需要在染色前除去双链 RNA，其方法是用 RNA 酶消化样品。细胞经 RNA 酶处理后，PI 红色荧光仅分布在细胞核 DNA 聚集区；未经 RNA 酶处理的细胞，红色荧光遍布整个细胞，但在细胞核 DNA 聚集区更为明亮。

PI 不能穿透完整的细胞膜，但能够穿透凋亡晚期细胞和死细胞的破损细胞膜。样品为活细胞时，直接向细胞液中加入 PI，PI 浓度为 $1\sim15$ μg/mL(依细胞种类及密度而异)，室温下反应 $5\sim15$ min，细胞膜完整的正常细胞不能染色，膜不完整的细胞和死细胞则很容易标记其核酸，可检测到 PI 的红色荧光。因此，PI 可用于检验细胞的活性。PI-DNA 复合物的激发波长和发射波长分别为 535 nm 和 615 nm，可用实验室现有的 559 nm 激光器激发，发射红色荧光。

Hoechst 33342 和 Hoechst 33258 是标记 DNA 的特异性荧光染料,对活细胞毒性小而且可透过细胞膜，因此可用于标记活细胞和固定细胞。在低浓度、短时间内就可以完成与 DNA 的反应，特异性强，分辨率高。Hoechst 33342 与双链 DNA 结合后，最佳激发波长为 350 nm，最大发射波长为 461nm，可用实验室现有的 405 nm 激光器激发，发射明亮的蓝色荧光。

Calcein-AM(calcein acetoxymethyl ester，钙黄绿素乙酰甲酯)是一种可对活细胞进行荧光标记的细胞染色试剂。Calcein-AM 由于在 Calcein(钙黄绿素)的基础上加强了疏水性，因此能够轻易穿透活细胞膜。当其进入细胞质后，酯酶将其水解为 Calcein 留在细胞内，发出强绿色荧光。与其他同类试剂，如 BCECF-AM[2′,7′-bis-(2-carboxyethyl)-5(and 6)-carboxyfluorescein，acetoxymethyl ester，2′,7′-二(2-羧乙基)-5(6)-羧基荧光素乙酰甲酯]和 CFDA(carboxyfluorescein diacetate，二乙酸羧基荧

光素)相比，Calcein-AM 的细胞毒性很低。Calcein 的激发波长和发射波长分别为490 nm 和 515 nm，可用实验室现有的 488 nm 激光器激发。Calcein-AM 仅对活细胞染色，用冰甲醇固定细胞时，不能对固定细胞染色；但用多聚甲醛固定细胞时，细胞质内经常被染色。实验上，经常将 Calcein-AM 与 PI 结合使用，判断细胞的活性。

本实验选用 PI 标记固定细胞(死细胞)的 DNA 和 RNA。如果将固定细胞经RNA 酶消化除去 RNA 后，则 PI 显示的是细胞内 DNA 的分布。选用 Hoechst 33342特异性地标记活细胞和固定细胞，并且观察 Hoechst 和 PI 共同标记活细胞时染色情况的不同，用于区分细胞膜的完整性。选用 Calcein-AM 特异性地标记活细胞，并且观察 Calcein-AM 标记活细胞和固定细胞的区别。

细胞本身及其与固定剂的反应、实验试剂都可能产生自发荧光。本实验设置了活细胞空白对照组和固定细胞空白对照组，用于分析细胞自发荧光。

三、实验仪器和材料

实验仪器和材料：FV1000-IX81 激光扫描共聚焦显微镜、细胞培养箱、恒温水浴锅、Hela 细胞、confocal 皿、移液枪(20 μL 和 1 mL)。

实验试剂：常用试剂为 PBS(磷酸缓冲液)、冰甲醇、二次蒸馏水、Hoechst 33342溶液(1 mg/mL)、PI 溶液(1 mg/mL)、RNA 酶(10 mg/mL)、Calcein-AM 溶液(1 mg/mL)、1640 培养基。

四、实验步骤

1. 样品处理

将 confocal 皿中培养的六组活细胞标记阿拉伯数字，各组加入不同的试剂，如表 1-1 所示。样品 4 和样品 6 分别为本实验所设置的固定细胞和活细胞空白对照组，用于对比自发荧光的情况。样品 1 和样品 2 用于比较 RNA 酶消化前后细胞 PI 通道荧光分布情况；样品 2 和样品 5 用于比较 PI 标记固定细胞和活细胞的区别；样品 3和样品 5 用于比较 Hoechst 33342 和 Calcein-AM 标记固定细胞和活细胞的效果。

表 1-1 不同染料对活细胞和固定细胞的标记

细胞实验分组	冰甲醇	RNA 酶	PI	Hoechst 33342	Calcein-AM	细胞状态
1	√	√	√			固定(死)细胞
2	√		√			固定(死)细胞
3	√			√	√	固定(死)细胞
4	√					固定(死)细胞
5			√	√	√	活细胞
6						活细胞

2. 具体操作步骤

(1) 用移液枪轻轻吸去样品 5、样品 6 内的培养基。

(2) 在样品 5、样品 6 confocal 皿中加入 1 mL PBS 洗涤细胞，轻轻吸弃 PBS，重复洗涤 3 次。以下步骤中洗涤细胞操作与此相同。**细胞在放置过程中，为防止其干燥，要浸没于 PBS 等液体中。**

(3) 向样品 5、样品 6 中加入 1 mL 1640 培养基，样品 6 作为空白对照，用共聚焦显微镜观察。

(4) 向样品 5 活细胞中加入 3 μL PI 溶液、3 μL Hoechst 33342 溶液、1 μL Calcein-AM 溶液，在细胞培养箱中放置约 60 min 后洗涤细胞，加入 1 mL 1640 培养基，用共聚焦显微镜观察。

(5) 用 PBS 洗涤样品 1～样品 4 中细胞。

(6) 向样品 1～样品 4 中加入冰甲醇(–20℃)1 mL，4℃反应 15～20 min，洗涤细胞，各加入 1 mL PBS，样品 4 作为空白对照，用共聚焦显微镜观察。

(7) 向样品 1 中加入 5 μL RNA 酶溶液，37℃反应 30 min，洗涤细胞，加入 1 mL PBS。

(8) 向样品 1、样品 2 中加入 3 μL PI 溶液，室温放置 5～15 min，洗涤细胞，各加入 1 mL PBS，用共聚焦显微镜观察。

(9) 向样品 3 中加入 3 μL Hoechst 33342 溶液、1 μL Calcein-AM 溶液，室温放置 60 min 以上，洗涤细胞，加入 1 mL PBS，用共聚焦显微镜观察。

3. 上机步骤

(1) 在显微镜透射光下找样品。

(2) 选择激发波长并设置光路(Hoechst、Calcein-AM、PI 分别选用 405 nm、488 nm 和 559 nm 激光)。

(3) 共聚焦预扫样品，调节参数，包括激光输出功率、光电倍增管(PMT)电压、增益和针孔(confocal aperture)大小等。

(4) 选取合适视野，采集图像。

4. 仪器参数

激发光波长：405 nm、488 nm 和 559 nm。

检测的发射波长：第一通道 420～475 nm(Hoechst 通道)，第二通道 500～545 nm(Calcein-AM 通道)，第三通道 575～675 nm(PI 通道)。

物镜：100XO/1.40。

五、实验结果与讨论

(1) 样品 4 和样品 6 作为细胞的空白对照组，如果同时有荧光，则可能来自细胞本身的自发荧光；如果仅样品 4 有荧光，则荧光可能是由冰甲醇固定细胞引起的。调节仪器参数使样品 4 和样品 6 空白对照组刚好没有荧光，以便与其他样品进行比较。

(2) 比较样品 1 和样品 2 中 RNA 酶消化前后细胞 PI 通道荧光分布情况。

(3) 比较样品 2 和样品 5 中 PI 标记固定细胞与活细胞的区别。

(4) 比较样品 3 和样品 5 中 Hoechst 33342 和 Calcein-AM 标记固定细胞和活细胞的效果。

六、注意事项

(1) 共聚焦镜头不要调太高，以免损伤镜头。

(2) 油镜用完后要用镜头液(70%乙醚和 30%乙醇)擦拭，向一个方向擦拭，不可来回擦。

(3) 油镜擦拭完后再与其他镜头切换。

七、思考题

(1) 为什么 PI 对活细胞和死细胞染色不同？活细胞和死细胞在形态上有什么区别？

(2) Hoechst 33342 和 Calcein-AM 对活细胞和死细胞染色相同吗？为什么？

(3) 细胞为什么要进行染色？

八、参考文献

袁兰. 2004. 激光扫描共聚焦显微镜技术教程. 北京：北京大学医学出版社.

(三) 头发丝的共聚焦三维成像及图像分析

一、实验目的

(1) 掌握共聚焦三维成像方法。
(2) 掌握共聚焦图像的数字化分析方法。

二、实验原理

与常规显微镜相比，激光共聚焦显微镜的关键性设计特征是共聚焦的针孔。

共聚焦针孔位于检测器光电倍增管的前面，与显微镜的物平面共轭。因此，检测器只能检测到通过针孔的光。针孔直径可变，理论上它是无限小的，因而检测器只看一点(点检测)，但实际上针孔太小很难检测到荧光信号。激光束聚焦成衍射限制的光斑大小，一次只照射物体的一个点，被照明的点和观察到的点(物点和像点)处于共轭面上，也就是它们彼此共焦，称为共聚焦光路，如图1-2所示。

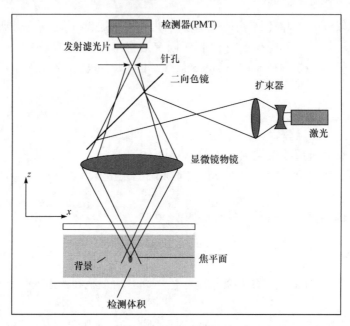

图 1-2　共聚焦光路图

共聚焦显微镜相对常规显微镜的优势在于：在常规荧光显微镜中，如果一个厚的生物样品的Z轴尺寸小于某一物镜专有的焦深，厚样品的图像将仅落在焦平面上。否则，焦平面上来自物体感兴趣面的图像信息会与焦平面外的离焦图像信息相混合，这会降低图像的对比度并增加杂散光。当观察多种荧光时，从几个通道得到的彩色图就会混淆。

当有厚样品必须要用荧光观察时(如组织中的细胞)，激光共聚焦显微镜就非常有用。光切的可能性消除了常规荧光显微镜观察这类样品时附带的缺点。对于多色荧光，各种通道可分离得很好，并可同时记录。使用共聚焦显微镜，不仅可以以很好的对比度获得一个"厚"样品的单一面，而且可以光切许多切片，记录样品的不同层面，同时样品沿着Z轴按一定的步进移动。最终得到一套3D数据，从而提供物体的空间结构信息。信息量及其准确性取决于切片的厚度及相邻切片之间的距离(在Z方向的最优扫描步进=0.5×切片厚度)。通过软件计算，从3D数据中可以获得物体的各个面的信息(3D重构、任何空间方向的断面、立体像等)。

光学切片的厚度与荧光发射波长、针孔大小、浸液折射率及物镜的数值孔径相关，如式(1-1)所示：

$$\text{FWHM}_{\text{det,axial}} = \sqrt{\left(\frac{0.88\lambda_{\text{em}}}{n-\sqrt{n^2-\text{NA}^2}}\right)^2 + \left(\frac{\sqrt{2}n\cdot\text{PH}}{\text{NA}}\right)^2} \tag{1-1}$$

式中，FWHM(full width half maximum)为光学切片的厚度；λ_{em}为发射波长；PH为针孔尺寸(μm)；n为浸液折射率；NA为物镜的数值孔径。

针孔尺寸越小、物镜数值孔径越大、荧光发射波长越短，浸液折射率越小，光学切片的厚度就越小。在进行三维扫描时，逐层之间扫描的步进最小为光学切片厚度的一半。

共聚焦扫描样品面是逐点进行的，这就意味着整个样品的图像不是同时形成的，而是连续成像为一系列点像集合。图像分辨率与所观察样品像素点的数目有关。每个像素点有一个强度值，图像是数字化的，本实验所用的FV1000-IX81激光扫描共聚焦显微镜形成的图像是12位的，也就是最大强度值是4095。基于此，就可以对共聚焦形成的数字化图像做一系列分析。

三、实验仪器和材料

实验仪器：FV1000-IX81激光扫描共聚焦显微镜。
实验材料：头发丝、0.17 mm厚盖玻片、透明胶。

四、实验步骤

(1) 用透明胶将头发丝的两端粘在盖玻片上，确保头发丝与盖玻片紧密贴合，并且头发丝中间部分不要粘有透明胶，以免影响观察。

(2) 在显微镜透射光下寻找样品。

(3) 选择激发波长并设置光路(选用 405 nm 激光，发射波长范围 425～470 nm)。

(4) 选取合适视野。

(5) 共聚焦预扫样品，调节参数包括激光输出功率、光电倍增管电压、增益和针孔大小等，确定样品上下两个界面的位置及扫描步进。

(6) 进行 XYZ 成像。

(7) 通过软件进行三维重构，观察各个界面的荧光结构。

五、实验结果与讨论

(1) 观察头发丝共聚焦三维图像的 XY、XZ 和 YZ 面。

(2) 对单张头发丝共聚焦图像进行点、线、面平均荧光强度及荧光强度分布分析。

六、注意事项

(1) 头发丝要与盖玻片紧密贴合，否则不容易聚焦。
(2) 三维扫描时间较长，可缩短一个像素点的扫描时间或减少累积次数。

七、思考题

(1) 头发丝是圆柱形的，做出的三维图像是圆柱形的吗？为什么？
(2) 头发丝的三维成像过程中，Z 轴步进越小越好吗？

(刘美蓉)

实验 2 丙酮羰基伸缩振动摩尔吸光系数的测定

一、实验目的

(1) 利用傅里叶变换红外(FTIR)光谱仪测定丙酮(CH_3COCH_3)的红外光谱。

(2) 依据浓度、样品厚度、吸光度计算其羰基伸缩振动的摩尔吸光系数(molar absorptivity)。

二、实验原理

红外光谱又称为分子振动光谱,其基本原理如下:当样品受到红外宽带连续光源照射时,样品中的分子振动吸收其中一些频率的辐射,从振动基态跃迁到激发态,相应于这些区域的光就被分子吸收,透射光强度减弱。将分子吸收红外光的强度与频率的关系用傅里叶变换技术记录下来,就得到一张红外光谱图。红外光谱图通常用波长(λ,nm)或波数(cm^{-1})为横坐标表示吸收峰的位置,用透光率(T,%)或吸光度(A)为纵坐标表示吸光强度。观测到红外吸收须满足以下两个条件:

(1) 红外辐射光能量满足物质产生振动跃迁所需的能级差。

(2) 光辐射与分子振动之间存在相互作用,产生相应的偶极矩变化。

通常将红外光谱按波长范围分为三个区域:近红外区(0.75~2.5 μm,波数 13300~4000 cm^{-1})、中红外区(2.5~15.4 μm,4000~650 cm^{-1})和远红外区(15.4~830 μm,650~12 cm^{-1})。近红外光谱主要包括含氢化学物质(如—OH、—NH、—CH等)伸缩振动的倍频与和频峰;中红外光谱主要包括分子的基频振动光谱;远红外光谱则主要包括分子的低频振动光谱。绝大多数有机物和无机物的基频吸收带都出现在中红外区,因此中红外区是研究和应用最多的区域,通常所说的红外光谱即指中红外光谱。红外光谱的最大特点是具有特征性,每个吸收峰都代表分子中某些化学基团的特定的振动形式,据此可进行物质的定性和定量分析。

在红外光谱测量中,光的吸收遵循朗伯-比尔(Lambert-Beer)定律,即当一束平行单色光(ν)垂直通过某一均匀非散射的吸光物质时,某一分子振动模式的吸光度 $A(\nu)$ 与吸光物质的浓度 c 及吸收层厚度 b 成正比,即

$$A(\nu) = \varepsilon(\nu)bc \tag{2-1}$$

式中,$A(\nu)$ 为量纲一的量;$\varepsilon(\nu)$ 为吸收系数;c 为溶液浓度;b 为溶液层厚度。当 c 以摩尔浓度表示,b 以厘米表示时,$\varepsilon(\nu)$ 即为摩尔吸光系数[L/(mol·cm)]。

此外，红外光谱的吸光度一般具有加和性。对于 N 个组分的混合样品，在波数 ν 处的总吸光度为

$$A(\nu) = \sum_{i=1}^{N} \varepsilon_i(\nu) b c_i \tag{2-2}$$

在本实验中，为了准确测定丙酮羰基伸缩振动的摩尔吸光系数，所选取的溶剂应在羰基的吸收峰附近没有红外吸收。

三、实验仪器和材料

实验仪器：FTIR 光谱仪(6700 型)、红外液体样品池(氟化钙红外光学窗片两片，Teflon 环形垫片一枚)、不锈钢样品池架(三件套，包括 O 形黑色橡胶垫圈一枚)、微量液体样品专用移液枪、取样枪头、杜瓦瓶、1 mL 离心管、样品架。

实验材料：丙酮、三氯甲烷、液氮。

四、实验步骤

(1) 打开空气压缩机和氮气发生器，工作约 30 min，以除去 FTIR 光谱仪中的水汽和二氧化碳。

(2) 打开红外光谱操作软件，设置扫描次数(120 次)、分辨率(cm^{-1})等。

(3) 向 FTIR 光谱仪中碲镉汞检测器的杜瓦瓶中加液氮约 500 mL，使其冷却，以提高检测信噪比。

(4) 试样的制备及检测(请先阅读注意事项)：

(i) 用移液枪分别取适量丙酮、三氯甲烷于两支离心管中。用三氯甲烷作溶剂，配制浓度约为 0.17 mol/L 的丙酮溶液 160 μL 于第三支离心管中。计算所需的丙酮和三氯甲烷体积，并将数据记录于表 2-1 中。

表 2-1　溶质、溶剂与溶液参数

物质	摩尔质量 M /(g/mol)	配制 160 μL 0.17 mol/L 的丙酮溶液所需试剂体积 V/μL
丙酮(CH₃COCH₃)	58.08	
三氯甲烷(CHCl₃)	119.38	

注：99.5%纯度的分析纯(AR)丙酮的相对密度为 0.80($\rho_{水}$=1 g/mL)。

(ii) 本实验中的红外样品池由两片氟化钙红外光学窗片(直径 25 mm，厚度 1~5 mm)和一枚 50 μm 厚的垫片组成。将氟化钙红外光学窗片和垫片洗净，用氮气吹干或自然晾干。

(iii) 采集空气的单光束光谱作为实验背景。

(iv) 利用移液枪将三氯甲烷溶剂装入样品池,再将样品池放入不锈钢样品池架。

(v) 小心将样品池放入 FTIR 光谱仪的样品仓内固定位置,测量其红外光谱。

(vi) 用同样的方法测量浓度为 0.17 mol/L 的丙酮溶液的红外光谱。

五、实验结果与讨论

(1) 将丙酮在三氯甲烷中的红外光谱与纯三氯甲烷的红外光谱进行差减,得到丙酮的红外光谱。

(2) 在丙酮的红外光谱中,在波数范围 1800~1600 cm^{-1} 寻找丙酮中羰基(C=O)伸缩振动的吸收峰,用红外光谱操作软件测量其峰位置 $\nu_{C=O}$ 和峰值吸光度 $A_{C=O}$。

(3) 根据朗伯-比尔定律[式(2-1)],计算羰基伸缩振动的摩尔吸光系数 $\varepsilon_{C=O}$。

(4) 将数据和结果记录于表 2-2,并进行讨论。

表 2-2　丙酮羰基伸缩振动摩尔吸光系数的测定

实际配制的丙酮溶液浓度 c/(mol/L)	$\nu_{C=O}$/cm^{-1}	$A_{C=O}$	$\varepsilon_{C=O}$/[L/(mol · cm)]
讨论			

六、注意事项

(1) 实验时,要除去水汽和二氧化碳对实验结果的影响。

(2) 往杜瓦瓶中加液氮时要缓慢、少量操作,3~5 min 后会听到"噗"的一声,并有少量液氮喷出,表明冷却基本完成;继续缓慢加入,直至其快满瓶,尽量避免溢出。

(3) 丙酮的浓度及 Teflon 环形垫片厚度要选择适当。按照表 2-1 的条件,羰基吸光度将为 0.7~0.9。避免饱和吸收。

(4) 样品池应干净,以免其他杂质干扰或影响红外光谱的测定。

(5) 组装红外样品池时,打开三件套不锈钢样品池架,将最大的部件置于实验台面;先在其内放置一片氟化钙红外光学窗片,再放置 Teflon 环形垫片;取 30~50 μL 液体,滴在垫片中央空白处,注意控制液滴面积;然后小心地水平放置第二片氟化钙红外光学窗片,组成红外液体池;放入黑色橡胶垫圈,组装固定其余的两件不锈钢部件,完成样品的制备。注意,不锈钢样品池要适量拧紧,以避免丙酮和三氯甲烷的挥发;但也不可用力过大,以免压碎氟化钙红外光学窗片。

(6) 用洗涤剂清洗氟化钙红外光学窗片时,依次用洗涤剂、清水、去离子水冲洗干净，再用氮气吹干；切不可用面巾纸或其他材料直接擦拭氟化钙红外光学窗片。

(7) 实验结束后，将洁净的氟化钙红外光学窗片用擦镜纸光滑的一面包好后放入自封袋中；Teflon 环形垫片也要放入标有相应厚度的自封袋中；组装样品池架；清理实验台。

七、思考题

(1) 一个含 N 个原子的分子有多少个简谐振动模式？

(2) 羰基伸缩振动的摩尔吸光系数与化合物的种类是否有关？与所用溶剂是否有关？

(3) 本实验对选取的溶剂有什么要求(讨论)？

(4) 影响实验结果准确度的因素主要有哪些(讨论)？

(王建平)

实验 3　界面超分子手性自组装结构的非线性光学原位表征

一、实验意义和目的

表/界面是不同物质相态之间的过渡区域。由于处于不对称的化学环境中，表/界面分子体系的基本物理和化学性质与具有各向同性特点的体相内部分子显著不同。因此，虽然只有几个分子层的厚度，但是物质界面的诸多分子性质，如化学组成、空间取向结构、分子间相互作用力及其与体相分子之间的物质或能量交换等，直接决定了许多功能材料或反应体系的功能与效率。深入理解表/界面的基本分子结构与化学动态变化的原理，将有助于新材料、新化学反应路径的设计、构筑与人工控制，对生物界面膜科学、环境化学、非均相催化、化学物质的工业分离与提纯、光电转换器件制造等许多交叉前沿学科都有着重要意义。但传统的物理化学分析手段缺乏特定的界面特异性与选择性，针对界面分子体系(特别是被埋藏界面)的实时、原位测量一直是较大的挑战。

近年来兴起的二阶非线性光学技术，包括二次谐波产生(second harmonic generation，SHG)技术与和频产生(sum frequency generation，SFG)技术，是解决这一难题的有力武器。该技术利用最新发展的脉冲式激光，具有与生俱来的界面选择性与亚单分子层灵敏度，广泛应用于气-液、固-液、液-液、气-固与固-固界面的研究。由于其光进-光出的特点，对样品不具有破坏性，并且不需要某些其他检测手段所要求的真空条件，因此尤其适用于液体界面或被埋藏界面的研究。

本实验利用两亲性的磷脂分子二棕榈酰磷脂酰胆碱(dipalmitoylphosphatidyl-choline，DPPC)在空气/水界面自组装形成朗缪尔(Langmuir)单分子膜，并利用二阶非线性光学技术中的二次谐波产生技术，对膜中的超分子手性结构进行原位表征。通过本实验，学生将接触基本的激光操作与光路调节，了解典型光学元件的用途与使用，学习如何选择合适的物理模型对观测到的数据进行拟合与分析，从而体会不同学科在化学前沿研究中不断交叉融合的特点。同时，学生也将在解决实际问题的过程中深入理解物理化学基础课程中所学的朗缪尔单分子膜等相关知识点，初步掌握二阶非线性光学技术的基本原理。

本实验要求学生通过系列实验，学习在空气/水界面利用两亲性分子铺设朗缪尔单分子膜；获得来自标准石英晶体样品表面与空气/水界面 DPPC 单分子膜的二次谐波信号，并对其信号加以验证；利用二次谐波线二色谱方法，测量空气/水界面 DPPC 单分子膜中的手性过量。

二、实验原理

1. 气/液界面的朗缪尔单分子膜

朗缪尔单分子膜(Langmuir monolayer)又称为不溶性表面膜，是由不溶性有机分子铺展在水溶液表面形成的仅有单分子厚度的分子膜。具体操作中，可将不溶性的极性有机分子溶解在易挥发但不溶于水的有机溶剂中，然后将混合溶液均匀滴加到水面上，待溶剂挥发后，表面即留下一层由不溶性有机物形成的膜。若适当控制成膜物的量，就可得到厚度只有一分子的单分子膜。朗缪尔单分子膜在物理学、生物学、化学、材料科学和摩擦学等领域都有着广泛应用，可用于模拟生物膜界面、防止水分挥发、制作胶束、制备各种薄膜型或超薄型功能分子器件等。

DPPC 作为重要的一类磷脂分子，是生物界面膜的最主要组成部分。DPPC的分子结构如图 3-1 所示，主要由两条含有 16 个碳原子的饱和脂肪酸疏水链、亲水的甘油-3-磷酸、胆碱基团组成。DPPC 分子可以在气/液界面自组装形成单分子膜，用于模拟非表面活性剂、细胞膜等生物膜，其在气/液界面的相变行为可以用朗缪尔膜压天平测量获得的表面压-面积(π-A)等温线表征。DPPC 的 π-A 等温线如图 3-2 所示，依次由气相(gas phase)、气相-液态扩张相共存区(gas-liquid expanded coexistence region，G-LE)、液态扩张相(liquid expanded phase，LE)、液态扩张相-液态凝聚相共存区(liquid expanded-liquid condensed coexistence region，LE-LC)、液态凝聚相区(liquid condensed phase，LC)及崩塌区(collapsed region)等组成。

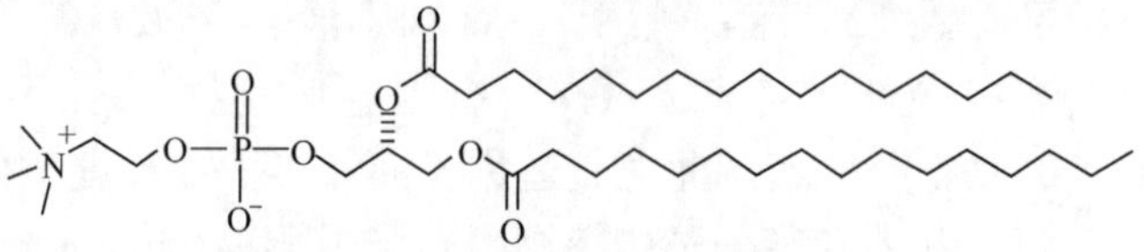

图 3-1　DPPC 的分子结构

2. 界面超分子手性自组装结构

自然界是高度不对称的，绝大多数生物体系都由手性分子或手性超分子结构组成，其功能很大程度上依赖于其手性结构。例如，大多数氨基酸分子是左旋的，大多数糖分子则是右旋的，核酸和蛋白质都具有手性螺旋结构。生物体就是由这些手性分子和手性结构一步步组装而成。一直以来，手性结构及其形成机理都是科学家关注的热点。界面是处于两种物质体相之间的有限区域，没有对称中心，容易构造手性环境。界面环境中的分子可通过自组装形成特定的超分子宏观手性

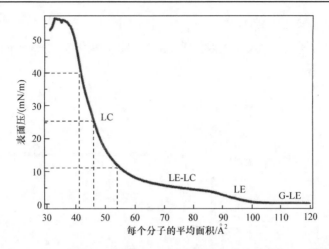

图 3-2 DPPC 分子在空气/水界面形成的朗缪尔单分子膜的 π-A 等温线

结构，其机理可分为三类：①手性分子聚集形成手性结构；②非手性分子通过诱导形成手性结构；③非手性分子由于对称性破缺的环境自发形成手性结构。本实验中的实验对象为 DPPC 分子在空气/水界面自组装形成的朗缪尔单分子膜。以往研究发现，DPPC 在纯水界面能聚集形成宏观的三叶草螺旋结构。

3. 界面非线性光学测量的基本原理

实验室中常用的界面二阶非线性光学技术包括二次谐波产生技术与和频产生技术，其原理示意图如图 3-3 所示。二阶非线性光学转换是三波混频过程：两个光子(频率分别为 ω_a 与 ω_b)同时入射到非线性光学介质中并满足特定的相位匹配条件时，可产生频率为 $\omega_{sum}=\omega_a+\omega_b$ 的二阶非线性极化强度，并进一步产生频率为 ω_{sum} 的光场。当 $\omega_a \neq \omega_b$ 时，该过程称为和频[图 3-3(a)]；当 $\omega_a = \omega_b (=\omega)$ 时，该过程称为二次谐波[图 3-3(b)]。二次谐波为二倍频过程 $\omega_{sum}=2\omega$，可看成和频过程的特例。

二阶非线性光学转换只能在中心对称破缺的介质中产生。由于界面分子体系处于紧密接触的物质两相之间，是具有各向异性分布的过渡区域，因此可以产生和频或二次谐波信号。而另一方面，各向同性分布的体相介质内部并不能发生这些二阶非线性光学过程(各向异性的晶体除外)。因此，和频产生与二次谐波产生技术具有界面特异性，可用于选择性地探测表/界面单分子层厚度的分子结构与化学动力学过程，而无需担心大量体相分子带来的干扰信号。此外，当入射光子或和频/倍频光子的频率与界面分子体系的能级跃迁发生共振时，二阶非线性光学信号响应能得到增强，因此可用于界面化学组分的特征光谱分析。和频产生与二次谐波产生技术中独特的偏振依赖关系还可广泛用于检测界面分子的宏观手性、分子官能团的空间取向分布等。

本实验将采用反射式二次谐波方式(图 3-4)，测量空气/水界面的 DPPC 单分子膜。

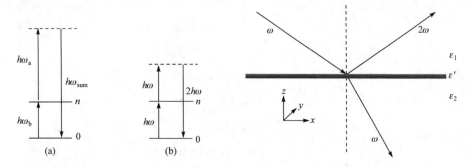

图 3-3　和频(a)与二次谐波(b)非线性过程　　　　图 3-4　反射式二次谐波实验示意图
能级示意图

对于该类绝缘体界面体系，二次谐波的信号来源可表示为

$$\sqrt{I_{2\omega}} = \left|\boldsymbol{E}_{2\omega}\right| \propto \left|\boldsymbol{P}_{2\omega}\right| = \chi^{(2)}\boldsymbol{E}_{\omega}\boldsymbol{E}_{\omega} \tag{3-1}$$

式中，$I_{2\omega}$ 为二次谐波信号强度；$\boldsymbol{E}_{2\omega}$ 与 $\boldsymbol{E}_{\omega}$ 分别为二次谐波与入射激光场强；$\boldsymbol{P}_{2\omega}$ 为频率为 2ω 处的二阶非线性极化强度；$\chi^{(2)}$ 为有效二阶极化率。

4. 二次谐波线二色谱方法测量界面手性的原理

在二次谐波实验过程中，通过改变入射光和检测的偏振状态，可以得到不同偏振组合下的谐波信号强度。常用偏振组合包括 *p*-in/*p*-out、*s*-in/*p*-out 和 45°-in/*s*-out。其中，"-in" 代表入射光的偏振态，"-out" 代表检测偏振态，*p* 代表偏振方向在入射方向与界面法向构成平面内，*s* 代表偏振方向与入射面垂直，45°代表偏振方向与 *p* 方向所成的夹角为 45°。对于在平行于界面的方向内(*xy* 平面)各向同性分布的非手性分子体系，这三种偏振组合下界面有效二阶极化率 $\chi^{(2)}$ 与各极化率分量 $\chi_{ijk}^{(2)}$ 之间的关系可以表示为

$$\chi_{sp}^{(2)} = L_{zz}(2\omega)L_{yy}(\omega)L_{yy}(\omega)\sin\beta\chi_{zyy}^{(2)} \tag{3-2}$$

$$\chi_{45°s}^{(2)} = L_{yy}(2\omega)L_{zz}(\omega)L_{yy}(\omega)\sin\beta\chi_{yzy}^{(2)} \tag{3-3}$$

$$\begin{aligned}
\chi_{pp}^{(2)} = {}&-2L_{xx}(2\omega)L_{zz}(\omega)L_{xx}(\omega)\cos^2\beta\sin\beta\chi_{xzx}^{(2)} \\
&+L_{zz}(2\omega)L_{xx}(\omega)L_{xx}(\omega)\cos^2\beta\sin\beta\chi_{zxx}^{(2)} \\
&+L_{zz}(2\omega)L_{zz}(\omega)L_{zz}(\omega)\sin^3\beta\chi_{zzz}^{(2)}
\end{aligned} \tag{3-4}$$

式中，$L_{ii}(i=x,y,z)$ 为光波在界面层传播的宏观局域场校正因子，由入射激光的入射角 β 及相关体系的折射率决定。$\chi_{zyy}^{(2)}=\chi_{zxx}^{(2)}$，$\chi_{yzy}^{(2)}=\chi_{xzx}^{(2)}=\chi_{xxz}^{(2)}=\chi_{yyz}^{(2)}$，$\chi_{zzz}^{(2)}$ 为相应的非手性二阶极化率张量元。对于任意偏振的二次谐波信号，其有效二阶极化率 $\chi^{(2)}$ 可以表示为

$$\chi^{(2)}=\sin\Omega\chi_{45°s}^{(2)}\sin2\Omega_i+\cos\Omega\left[\chi_{sp}^{(2)}\sin^2\Omega_i+\chi_{pp}^{(2)}\cos^2\Omega_i\right] \tag{3-5}$$

式中，Ω 与 Ω_i 分别为二次谐波信号光与入射激光的偏振方向，当偏振在入射面内时定义 $\Omega=0°$。当所研究的各向同性液体界面具有手性特征时，需要考虑额外的二阶非线性极化率分量：$\chi_{xyz}^{(2)}=\chi_{xzy}^{(2)}=-\chi_{yxz}^{(2)}=-\chi_{yzx}^{(2)}=\chi_{\text{chiral}}^{(2)}$，也就是二阶非线性极化率中的手性项。因此，式(3-5)需要改写为

$$\begin{aligned}\chi^{(2)}=&\left[\chi_{45°s}^{(2)}\sin2\Omega_i+\chi_{\text{eff,chiral}}^{(2)}\cos^2\Omega_i\right]\sin\Omega\\&+\left[\chi_{sp}^{(2)}\sin^2\Omega_i+\chi_{pp}^{(2)}\cos^2\Omega_i+\chi_{\text{eff,chiral}}^{(2)}\sin\Omega\cos\Omega\right]\cos\Omega\end{aligned} \tag{3-6}$$

式中，$\chi_{\text{eff,chiral}}^{(2)}=L_{xx}(2\omega)L_{zz}(\omega)L_{yy}(\omega)\sin\beta\cos\beta\chi_{\text{chiral}}^{(2)}$。

比较式(3-5)和式(3-6)可以发现，手性项 $\chi_{\text{chiral}}^{(2)}$ 的加入使得 $\chi^{(2)}$ 随入射偏振角的依赖关系发生了变化。在式(3-5)中取 $\Omega_i=\pm45°$，$\chi^{(2)}$ 的绝对值(模)大小相同；而在式(3-6)中取 $\Omega_i=\pm45°$，$\chi^{(2)}$ 的绝对值(模)大小不同。由于二次谐波信号强度正比于 $\chi^{(2)}$ 绝对值的平方，因此若界面具有手性，当入射光偏振角为 $\pm45°$ 时，得到的谐波信号强度不同。这就是二次谐波线二色谱效应的原理，可以据此定量测量液体界面的手性特征。

$\Omega_i=\pm45°$ 时的二次谐波信号强度差异来源于手性项 $\chi_{\text{chiral}}^{(2)}$，因此信号强度差异的符号和相对大小与 $\chi_{\text{chiral}}^{(2)}$ 本身的符号和相对大小有关。为了定量描述这种由界面手性引起的信号强度差异，可以引入表面手性过量(degree of chiral excess, DCE)的概念，定义为

$$\text{DCE}=\frac{\Delta I_{2\omega}}{I_{2\omega}}=\frac{2\left(I_{+45°}-I_{-45°}\right)}{I_{+45°}+I_{-45°}} \tag{3-7}$$

DCE 的符号与入射激光偏振角为 $\pm45°$ 时二次谐波信号的相对大小有关。若 $I_{+45°}=I_{-45°}$，则 DCE$=0$，说明界面没有手性；若 $I_{+45°}>I_{-45°}$，则 DCE>0，说明界面具有手性；若 $I_{+45°}<I_{-45°}$，则 DCE<0，说明界面具有与上述情况对映的手性，即 DCE 的符号代表两种互相对映的手性状态。DCE 的绝对值大小则反映了手性结构的相对程度。若手性结构的不对称程度较高，则 DCE 的绝对值较大；反之，若不对称程度较低，则 DCE 的绝对值较小。

　　由式(3-6)可以看出，界面有效二阶极化率是极化率手性项和非手性项的线性组合。实际检测过程中得到的谐波信号强度正比于 $\chi^{(2)}$ 模的平方，导致各极化率分量耦合在一起，给数据分析带来了很大的不便。为了准确获得 DCE 的数值，二次谐波线二色谱实验过程中，通常连续调节入射光的偏振角，记录相应的谐波信号得到偏振依赖曲线。界面是否具有手性可以从曲线的形状反映出来。检测偏振不同，曲线的形状和直观程度也不同。研究发现，当固定检测偏振为 s 时，谐波信号强度与入射偏振角的依赖关系为

$$I_{2\omega,s} \propto \left| \chi_{45°,s}^{(2)}\sin 2\Omega_i + \chi_{\text{eff,chiral}}^{(2)}\cos^2\Omega_i \right|^2 \tag{3-8}$$

　　对应的信号曲线模拟结果如图 3-5 所示，可见两条曲线的差别非常明显。两者都包含四个峰值，但对于非手性界面，这四个峰值的大小相等；而对于手性界面，两个峰值较大，另两个峰值较小。因此，固定检测偏振为 s 时，更容易通过谐波信号曲线的形状判断界面是否具有手性。相对于 p 偏振检测，利用 s 偏振检测界面手性，结果更为直观和准确。

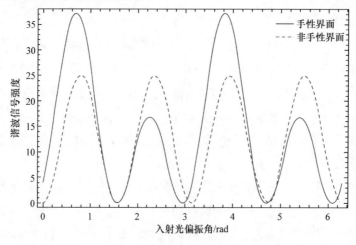

图 3-5　s 偏振检测谐波信号曲线模拟图

三、实验仪器和材料

1. 基于飞秒激光的二次谐波装置

　　实验所用二次谐波装置如图 3-6 所示。其检测光源来自钛蓝宝石飞秒激光器。该激光系统中心波长为 800 nm，在 700～1000 nm 可调谐。其脉冲宽度为 80 fs，重复频率为 82 MHz。与用纳秒激光系统研究界面二次谐波相比，飞秒激光系统有其明显的优越性：一是单脉冲功率高，可以检测到微弱的信号；二是高的重复频率对样品的损伤很小，这可以有效降低或避免热效应对实验样品的损伤。在本

实验中，将入射基频光的波长固定在 800 nm 处。入射激光在经过长通滤波片过滤和半波片对其偏振进行控制后，通过焦距为 10 cm 的透镜聚焦于样品表面。入射激光波长固定为 800 nm，与界面法线之间的夹角建议设于 70°处。在反射方向上的二次谐波信号经透镜收集后，再经过短通滤波片对长波(主要过滤 800 nm 处的基频光)进行过滤，最后经过透镜聚焦到单色仪入口。经单色仪纯化后的光信号由高增益的光电倍增管进行光电转换。在光电倍增管中经过多次加速放大的光电子被单光子计数器(SR400)收集，得到二次谐波信号的强度。

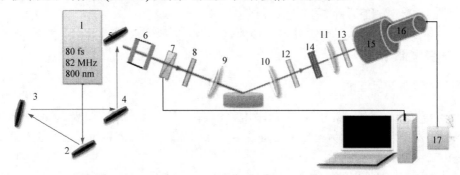

图 3-6　二次谐波实验装置示意图

1. 钛蓝宝石飞秒激光器；2~5. 反射镜；6. 格兰棱镜；7. 半波片；8. 长通滤波片；9~11. 透镜；12 和 13. 短通滤波片；14. 偏振片；15. 单色仪；16. 光电倍增管；17. 单光子计数器

2. 其他配套仪器

天平、微量注射器、样品池、烧杯、容量瓶等。

3. 化学药品与材料

DPPC、高纯氯仿、浓硫酸、30%过氧化氢、超纯去离子水(电阻率 18.2 $M\Omega \cdot cm$)、Z-cut α-石英单晶。

四、实验步骤

(1) 学习激光器操作的基本步骤，预热激光器；学习二次谐波实验数据采集程序的使用。

(2) 在激光器预热的同时，用"食人鱼溶液"(piranha solution，由浓硫酸与 30%过氧化氢按约 7：3 的体积比混合配制)清洗实验中所用到的样品池、烧杯、容量瓶等。

(3) 将 L-DPPC 样品溶于氯仿中，配成 0.5 mmol/L 的溶液备用。

(4) 待激光器预热完全后，以石英单晶为标准样品，在授课教师指导下，优化实验光路，获得石英单晶表面产生的二次谐波信号。

(5) 验证光电倍增管与单光子计数器所获得的光电信号是二次谐波信号：固定入射激光与单色仪波长，通过调节中性滤波片改变入射激光能量，测得二次谐波信号与入射激光能量之间的依赖关系。

(6) 在空气/水界面利用L-DPPC分子铺设朗缪尔单分子膜(每个分子占据大约 $50\ \text{Å}^2$ 的面积)。

(7) 寻找并优化空气/水界面 DPPC 单分子膜的二次谐波信号。

(8) 在 s 偏振检测条件下，扫描入射偏振角 $\varOmega_i$，获得空气/水界面 DPPC 单分子膜的二次谐波信号随 $\varOmega_i$ 的变化曲线。

(9) 对空气/纯水界面重复第(8)项内容，获得空气/纯水界面的二次谐波信号随 $\varOmega_i$ 的变化曲线。

五、实验结果与讨论

(1) 根据实验步骤(5)中的测量结果，对 $I_{2\omega}$ 与激光入射强度之间的关系作图并进行数据拟合(可在对数坐标下处理数据)。根据该结果分析为什么获得的光信号是由二次谐波产生的。

(2) 根据实验步骤(8)与(9)中的测量结果，作图分析 L-DPPC 单分子膜与空气/纯水界面的界面超分子手性结构：利用式(3-8)对获得的偏振依赖二次谐波信号进行数据拟合，利用式(3-7)计算相应的 DCE 值，并对结果进行合理分析。

六、注意事项

(1) 二次谐波信号采集过程中，请保持室内灯光关闭，以免造成光信号污染并损坏光电倍增管。

(2) 激光器操作过程中，切忌将激光直接射入人眼。请在授课教师指导下，按规定佩戴必要的激光护目镜。

(3) 调节光路时，请按规定戴好手套，切勿触摸光学元件表面。

(4) 处理过程中所需的物理常数请自行查阅有关书籍文献获得。数据处理过程中注意保持所用单位的一致。

七、思考题

(1) 除了二次谐波与和频过程，还有哪种可能的二阶非线性光学现象？请参照图 3-3 的方式作图回答。

(2) 除了测量信号强度与激光能量的关系，还有什么方法可以帮助确定所获得的光信号是二次谐波信号？

八、参考文献

Eisenthal K B. 1996. Liquid interfaces probed by second-harmonic and sum-frequency spectroscopy.

Chem Rev, 96: 1343-1360.

Eisenthal K B. 2006. Second harmonic spectroscopy of aqueous nano- and microparticle interfaces. Chem Rev, 106: 1462-1477.

Feng R J, Li X, Zhang Z, et al. 2016. Spectral assignment and orientational analysis in a vibrational sum frequency generation study of DPPC monolayers at the air/water interface. J Chem Phys, 145: 244707.

Lin L, Liu A A, Guo Y. 2012. Heterochiral domain formation in homochiral alpha-dipalmitoylphosphatid-ylcholine(DPPC) Langmuir monolayers at the air/water interface. J Phys Chem: C, 116: 14863-14872.

Lv K, Lin L, Wang X Y, et al. 2015. Significant chiral signal amplification of Langmuir monolayers probed by second harmonic generation. J Phys Chem Lett, 6: 1719-1723.

Nandi N, Vollhardt D. 2003. Effect of molecular chirality on the morphology of biomimetic Langmuir monolayers. Chem Rev, 103: 4033-4075.

Shen Y R. 1989. Optical 2nd harmonic-generation at interfaces. Annu Rev Phys Chem, 40: 327-350.

Shen Y R. 1989. Surface-properties probed by 2nd-harmonic and sum-frequency generation. Nature, 337: 519-525.

Xu Y Y, Rao Y, Zheng D S, et al. 2009. Inhomogeneous and spontaneous formation of chirality in the Langmuir monolayer of achiral molecules at the air/water interface probed by in situ surface second harmonic generation linear dichroism. J Phys Chem: C, 113: 4088-4098.

(陆　洲)

实验 4　分子传递实验

一、实验意义和目的

随着计算机技术的飞速发展，计算机模拟已成为与理论研究、实验研究并驾齐驱的第三种科学研究手段。作为一个新兴的研究领域，计算机模拟在基础研究创新、工业放大和最终产业应用等方面都具有重要战略意义，为解决全球能源、资源、环境、材料等重大战略问题提供了新机遇。在化工过程的计算机模拟中，分子模拟无疑占有核心地位。目前分子模拟在热力学方面的应用较多，传递性质的研究也逐渐开展。分子传递实验主要介绍分子模拟技术的基础理论和实际应用，使学生能够：

(1) 了解和掌握相关计算机模拟技术、培养应用计算机的基本技能。

(2) 掌握现代分子传递研究技术方法，为相关学科从分子水平上阐明问题奠定基础。

(3) 提高抽象思维和逻辑推理能力，调动学生的主观能动性。

二、实验原理

世界的本质是离散的。总体上从宇宙、星系团、星系、星球到分子，物质是不连续的，不是无限可分的，而是由有限数目的"分子"组成。这些分子可能是同一类分子，也可能是不同种类的分子，分子种类的数目通常远小于分子数目。利用计算机以原子水平的分子模型模拟简单流体分子行为，进而统计流体分子体系的各种物理、化学性质。从研究分子和原子的运动出发，采用统计平均建立宏观物理量应满足的方程，并确定流体的宏观性质及传递特性。在实验基础上，通过基本原理，构筑一套模型和算法，从而计算出合理的分子结构与分子行为，模拟分子体系的动态行为。在体系演化过程中，采用"在线测量"方式对分子统计属性及传递特性进行测量。

分子速度分布函数为

$$F\left(v_x, v_y, v_z\right) = \frac{\mathrm{d}N\left(v_x, v_y, v_z\right)}{N\mathrm{d}v_x\mathrm{d}v_y\mathrm{d}v_z} \tag{4-1}$$

其物理意义是速度出现在 $P\left(v_x, v_y, v_z\right)$ 点附近，单位速度空间体积内的分子数占系统分子总数的百分比，或一个分子的速度出现在单位速度空间体积内的概率，代表分子在速度空间分布的概率密度(图 4-1)。同理，分子速率分布函数的物理意义是速率出现在 v 附近的单位速率区间的分子数占系统分子总数的百分比，也是分子在速率空间分布的概率密度。

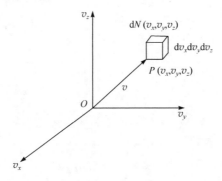

图 4-1　分布函数

在一个气体体系中，个别分子的速度具有怎样的数值和方向完全是偶然的。但从大量分子的整体来看，在一定的条件下，气体分子的速度和速率分布遵从一定的统计规律，这个规律由麦克斯韦(Maxwell)于 1859 年首先用碰撞概率方法导出，所以也称为**麦克斯韦分布律**，它包含麦克斯韦速度分布和麦克斯韦速率分布，其中麦克斯韦速度分布为

$$f\left(c'\right)=\left(\frac{m}{2\pi k_{b}T_{w}}\right)^{\frac{3}{2}}\exp\left(-\frac{mc'^{2}}{2k_{b}T_{w}}\right) \tag{4-2}$$

式中，c' 和 m 分别为粒子的热速度和质量；k_b 为玻尔兹曼常量；T_w 为壁面温度。对于一个热平衡简单粒子系统，在没有外力场作用时，其速度分布必然符合麦克斯韦分布(图 4-2)。因此，麦克斯韦分布通常作为系统是否达到平衡状态的判断标准。

对于二维分子系统，麦克斯韦速度分布为

$$\int_{-\infty}^{+\infty}f(v)\mathrm{d}^{2}v=\int_{-\infty}^{+\infty}n\left(\frac{m}{2\pi kT}\right)\mathrm{e}^{-\frac{mv^{2}}{2kT}}\mathrm{d}^{2}v \tag{4-3}$$

由此可以得到，系统各速度分量的分布为

$$f(v_{x})\mathrm{d}v_{x}=n\left(\frac{m}{2\pi kT}\right)^{\frac{1}{2}}\mathrm{e}^{-\frac{mv_{x}^{2}}{2kT}}\mathrm{d}v_{x} \tag{4-4}$$

$$f(v_{y})\mathrm{d}v_{y}=n\left(\frac{m}{2\pi kT}\right)^{\frac{1}{2}}\mathrm{e}^{-\frac{mv_{y}^{2}}{2kT}}\mathrm{d}v_{y} \tag{4-5}$$

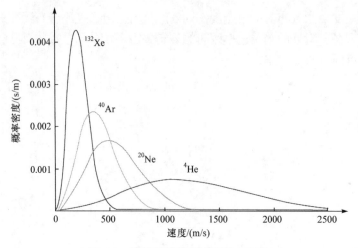

图 4-2　惰性气体分子速率分布函数

对于二维分子系统，麦克斯韦速率分布为

$$f(v)\mathrm{d}v = 2\pi n\left(\frac{m}{2\pi kT}\right)^{\frac{1}{2}} v\mathrm{e}^{-\frac{mv^2}{2kT}}\mathrm{d}v \tag{4-6}$$

三、实验仪器和材料

笔记本计算机或个人计算机，Windows 或 Linux 操作系统。

四、实验步骤

(1) 熟悉计算机模拟方法，了解其基本原理，学会配置程序运行的环境。

(2) 设计平衡态分子模拟算例。选定二维体系进行模拟，模拟正方形区域内的 10 000 个分子平衡状态下的演化过程。

(3) 初始化设定，在模拟开始时，分子按照给定数密度布置在面心结构的各格点上，各分子初始速度大小给定但方向随机。

(4) 判断是否达到平衡状态。在体系模拟运行 20 000 个时间步，统计恒定温度下微观粒子运动速度的概率分布，利用 Origin 或 Matlab 软件进行数据统计，作图并检验其是否遵循麦克斯韦分布。

五、实验结果与讨论

图 4-3　二维分子模拟示意图

考察二维分子系统(图 4-3)中模拟分子数、

分子数密度、取样大小、运行时间、系统温度等对麦克斯韦分布的影响；将模拟统计结果与分子运动论推导的理论公式进行对比分析。

思考并讨论如何构建复杂分子相互作用(如表/界面反应、相际传递、局域扩散等典型过程为研究对象)，模拟如何为分子热力学与分子传递模型的构建提供机理性的理解。学生可亲自上机操作，重在帮助学生从分子层次上理解化学物质的结构-性能关系、动力学性质和反应特性等，培养学生采用分子模拟技术解决化学问题的能力，并激发学生的科研兴趣。

六、注意事项

了解一些分子模拟、传递过程原理、大学物理、物理化学的基础知识。

七、思考题

(1) 已知理想气体的分子仅做二维运动，试求：①二维理想气体分子的平均速率；②二维理想气体分子的方均根速率。

(2) 从分子的层次，如何区分物质的三态——固态、液态和气态？是否能存在两种或三种物态平衡共存的现象？如果能，请思考如何实现；如果不能，请简要说明理由。

(3) 流体包括液体和气体，具有易流动和不能保持一定形状的特性(与固体相比)。流体和固体在宏观表象上的差别是哪些方面的不同造成的？

(4) 一定体积下，流体分子数目越少，分子间作用力是变大还是变小？分子的无规则热运动变得更强烈还是不强烈？流体表现为易流动还是不易流动？分子流体在静止时能否承受剪应力？

八、参考文献

Allen M P, Tildesley D J. 1989. Computer Simulation of Liquids. New York: Oxford University Press.

Rapaport D C. 2004. The Art of Molecular Dynamics Simulation. 2nd ed. Cambridge: Cambridge University Press.

(王利民)

实验 5　单粒子/单分子布朗运动及其表征方法

一、实验意义和目的

布朗运动是自然界普遍存在的现象，是物理与化学领域最为基础的过程。它是化学反应速率的决定因素之一，也是自然界能量耗散的主要过程。虽然布朗运动很早就被人们发现，但是其背后的奥秘远远超出了我们平时的理解。因此，深入地、理性与感性地认识与了解布朗运动的原理、特征及测量方法，对于从事物理、化学学习与工作的人士无疑是重要的学习内容。

本实验将从理论介绍、实验观察与测量等多个方面，对布朗运动基本原理、特征、规律及测量方法进行详细论述。学生将通过理论知识的简要学习以及实验观察与测量，获得关于布朗运动的理性与感性认识。本实验将达到以下几个目的：

(1) 理解布朗运动的本质、运动规律以及对布朗运动产生影响的因素。
(2) 掌握使用单粒子追踪技术与关联函数分析技术测量布朗运动的方法。
(3) 了解自然界及科学研究中的布朗运动现象。

二、实验原理

1. 荧光成像法

本实验采用荧光显微技术，对处于溶液中的单个荧光粒子与荧光分子的布朗运动进行观察与测量。以波长为 488 nm 的激光作为激发光，它通过扩束与准直后引入荧光显微镜，在悬浮液、溶液及二维界面处激发单个胶体粒子或单个分子的荧光。经显微成像系统，由 CCD(电荷耦合器件)相机直接拍摄单粒子/单分子的影像并记录其随时间的变化。采用轨迹追踪软件，跟踪单粒子/单分子的运动轨迹，获得其在不同时刻的坐标信息，通过计算获得其均方位移及其随时间的变化规律，最终得到扩散系数信息。

2. 关联函数法

同步实验采用以激光扫描共聚焦显微镜为基础的荧光关联光谱方法，测量溶液中单粒子/单分子由于布朗运动带来的荧光信号的涨落，进而对此涨落信号进行关联函数计算而获得相关数据。以三维布朗运动模型为基础，对关联函数数据进行数值拟合，从而获得样品中单粒子/单分子的扩散系数与平均浓度。

三、实验仪器和材料

实验仪器：单分子荧光显微镜、荧光关联光谱仪、恒温热台、样品池。

实验材料：不同尺寸的胶体悬浮液、荧光分子(罗丹明 6G)溶液、具有系列黏度的甘油水溶液、去离子水等。

四、实验步骤

1. 利用单粒子追踪技术观察布朗运动

1) 制备用于显微观察的胶体悬浮液样品

(1) 用去离子水将具有较高固含量的荧光胶体悬浮液稀释 1000 倍，并将其滴加至样品池中，从而制得可用于显微观察的胶体悬浮液样品。

(2) 采用一定浓度的甘油水溶液作为分散液，获得具有一定黏度的分散体系。

2) 通过单分子荧光显微镜拍摄粒子布朗运动影像

(1) 打开激光并调节光路，使激光能射出物镜，并照亮观察范围(具体步骤在实验时进行讲解与说明)。

(2) 打开 CCD 相机及计算机，并通过软件将 CCD 芯片温度降低至−75℃。

(3) 打开快门，调节物镜焦距，通过 CCD 相机获取荧光粒子影像。调节增益与入射光强度，以获得最佳图像质量。

(4) 采用连续拍摄功能，以每秒 5 帧的速度拍摄样品影像，并通过回放直接观察粒子布朗运动的影像。

3) 通过轨迹追踪软件获得粒子坐标，并计算扩散系数

(1) 采用轨迹追踪软件，获得单个粒子在不同时刻的二维坐标。

(2) 计算均方位移随时间的变化，并通过相关方法获得扩散系数(计算方法在实验时讲解)。

2. 利用荧光关联光谱仪测量布朗运动

1) 制备荧光分子溶液

(1) 用去离子水将浓度为 10^{-3} mol/L 的荧光分子(罗丹明 6G)溶液稀释 10^6 倍，配制浓度约为 10^{-9} mol/L 的溶液。

(2) 按上述方法，用甘油溶液配制不同黏度溶液中的罗丹明 6G 溶液。

2) 使用荧光关联光谱仪，测量单分子布朗运动速度

(1) 打开激光器，并调节光路，使激发光能射出物镜。

(2) 打开单光子计数器电源，并等待使其冷却。

(3) 打开探测器快门，并测量光子计数。

(4) 调节入射光光强，使仪器测量得到的光子计数低于 5000。

(5) 使用软件，测量产生荧光涨落的关联函数(具体细节实验时说明)。

3) 通过数值拟合关联函数，获得扩散系数

(1) 导出实验数据。

(2) 使用 Origin 软件，将关联函数进行三维布朗运动模型数值拟合，获得扩散系数及平均浓度数值。

五、实验结果与讨论

(1) 比较不同黏度的甘油溶液中单粒子/单分子的扩散系数，并总结其变化规律。

(2) 比较不同直径胶体粒子的扩散系数，并总结其变化规律。

(3) 通过阅读参考文献，对上述数据分析结果进行讨论。

六、注意事项

(1) 配制溶液与悬浮液时需要佩戴手套与防护眼镜。

(2) 保护眼睛，不得直视激光束。

(3) 保护光电探测器，不得违反操作规程。

(4) 实验室内仪器摆放较多，行动需谨慎。

七、思考题

(1) 布朗运动的实质是什么？它与马尔可夫过程有什么关联？

(2) 影响布朗运动的因素是什么？

(3) 实验中用到的两种测量方式各有什么特色？二者有什么联系？

八、参考文献

杨静, 龙正武. 2015. 布朗运动的启示. 北京: 科学出版社.

Brown R. 1828. A brief account of microscopical observations made in the months of June, July and August, 1827, on the particles contained in the pollen of plants; and on the general existence of active molecules in organic and inorganic bodies. Phil Mag, 4: 161-173.

Chen H, Farkas E, Webb W W. 2008. In vivo applications of fluorescence correlation spectroscopy. Biophysical Tools for Biologists.

Ehrenberg M, Rigler R. 1974. Rotational brownian motion and fluorescence intensity fluctuations. Chem Phys, 4: 390-401.

Einstein A. 1956. Investigations of the Theory of Brownian Movement. Dover: Courier Corporation.

Elson E L, Magde D. 1974. Fluorescence correlation spectroscopy Ⅰ. Conceptual basis and theory.

Biopolymers, 13: 1-27.

Feynman R. 1970. The Feynman Lectures on Physics.Vol Ⅰ. Boston: Addison Wesley Longman.

Magde D, Elson E L, Webb W W. 1972. Thermodynamic fluctuations in a reacting system: Measurement by fluorescence correlation spectroscopy. Phys Rev Lett, 29: 705-708.

Magde D, Elson E L, Webb W W. 1974. Fluorescence correlation spectroscopy Ⅱ. An experimental realization. Biopolymers, 13: 29-61.

Rubinstein M, Colby R H. 2003. Polymer Physics. New York: Oxford University Press.

(赵　江　杨京法)

实验 6　表面活性剂在水溶液中的自组装行为研究

一、实验意义和目的

　　表面活性剂是工业生产和日常生活中使用最广泛的化学物质之一，表面活性剂的性能与其在溶液中的组装行为密切相关。十二烷基硫酸钠(sodium dodecyl sulfate，SDS)是一种常见的阴离子表面活性剂，又称为月桂醇硫酸钠 AS 或十二烷基硫酸钠 K12。它具有良好的乳化、发泡、渗透、去污和分散性能，广泛应用于洗涤剂、造纸、建材等行业，是一种需求量非常大的表面活性剂，在人们的生活中发挥着非常重要的作用。

　　本实验将利用表面张力、激光光散射和 Zeta 电位三种方法研究阴离子表面活性剂 SDS 在水溶液中的自组装行为，获得表面活性剂的表面张力曲线、临界胶束浓度、胶束尺寸和胶束的 Zeta 电位，使学生了解和认识这些表面活性剂的最基本性质和自组装行为。

　　所用的三种研究方法是胶体界面科学领域最基本、最重要的研究方法，也是材料科学领域，特别是纳米材料领域的基本研究手段。学生通过本实验，掌握这些研究方法的基本原理、操作方法及数据分析方法，为将来的研究工作奠定基础。

二、实验原理

1. 表面张力与测定方法

　　液体表面最基本的特性是倾向于收缩，垂直通过液体表面上任一单位长度、与液面相切的收缩表面的力称为表面张力。表面活性剂最重要的特性是具有降低液体表面张力的能力，这种能力直接与表面活性剂的许多实际应用相关。通过表面张力随表面活性剂浓度对数的变化关系曲线，可以获得表面活性剂降低表面张力的能力和效率。典型的表面张力曲线是：当表面活性剂浓度较低时，表面张力急剧下降；达到一定浓度(转折点)后，表面张力开始不再变化，这个转折点对应的表面张力值和表面活性剂浓度用通常符号 γ_{CMC} 和 CMC 表示。要理解表面活性剂降低表面张力的基本原理，必须联系表面活性剂在溶液中的自聚集行为。当表面活性剂浓度较低时，其倾向于在溶液表面排列，亲水基团朝向溶液内部，而疏水基团朝向空气；在表面上的排列达到饱和后，表面活性剂分子不能继续在表面吸附，但疏水链的疏水作用会促使分子逃离水环境，于是表面活性剂分子在溶液内部自聚集，形成亲水基朝外、疏水基在内的聚集体，如最常见的胶束。开始形成胶束时的表面活性剂浓度称为临界胶束浓度(CMC)。

表面张力的测定方法有多种，最常用的方法有滴体积(滴重)法和吊片法。

1) 滴体积(滴重)法

滴体积法也称滴重法。其基本原理是：当液体从毛细管口滴落时，液滴的大小与液体的密度和表面张力有关，表面张力越大，液滴也越大。理想情况下，若液滴自毛细管口滴下至完全脱落，则液滴重力 W 与表面张力 γ、管口半径 R 有如下关系：

$$W = mg = 2\pi R\gamma \tag{6-1}$$

但实际情况并非如此，图 6-1 为实际情况下液滴下落过程示意图。液滴在管口逐渐变大后发生变形，形成细颈，然后液滴在细颈处断开，导致一部分液体下落，而另一部分液体残留在管口处。

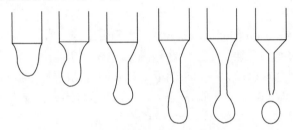

图 6-1　液滴下落过程示意图

因此，式(6-1)须加校正系数。于是，滴体积法或滴重法的计算公式为

$$\gamma = \frac{Fmg}{R} = \frac{FV\Delta\rho g}{R} \tag{6-2}$$

式中，$\Delta\rho$ 为界面两侧物质的密度差，对于气/液界面可以直接用液体密度代替。F 为校正系数，是为了校正液滴下落过程中的变形和部分液体残留的影响而引入的。前人经过理论和实验得出 F 是 V/R^3 的函数，并提供了函数关系和数值表，据此可以对获得的表面张力数值进行校正。

滴体积法的优点是：方法简便易操作，样品制备简单且用量少，结果准确等。滴体积法是目前仍然广泛使用的测定液体表面张力的方法。

2) 吊片法

吊片法的基本原理是：将铂片吊挂在扭力天平上，测定当吊片的底边平行面刚好接触液面时所受到的拉力(图 6-2)。此拉力应该等于沿吊片底边作用的液体表面张力 f，因此可以计算液体表面张力，公式为

$$\gamma = \frac{f}{2(l+d)} \tag{6-3}$$

式中，l 和 d 分别为吊片的宽度和厚度。

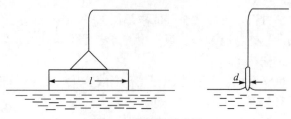

图 6-2　吊片法示意图

吊片法也是测定表面张力最常用的方法之一。这种方法具有完全平衡的特点，且实验操作简便，不需要密度数据和进一步计算，数据直观可靠。许多表面张力仪是根据这种方法的原理设计的。本实验所要用到的 DCAT 11 表面张力仪就是采用了吊片法的基本原理。

2. 激光光散射

动态光散射(dynamic light scattering，DLS)是一种重要的纳米粒子尺寸的表征方法。它具有快速、准确、重复性好等优点。测试的基本原理是：胶体体系中的纳米粒子会无规则地运动，称为布朗运动，布朗运动的速度与纳米粒子的大小和介质黏度有关，粒子越小，介质黏度越小，布朗运动越快。当光通过胶体体系时，光被胶体粒子散射，这样在一定角度可以检测到散射光的信号，得到的信号是许多散射光子叠加后的具有统计意义的结果。瞬间光强并不是固定的，它会在一个平均值上下波动，并且波动振幅与粒子的粒径相关。比较不同时间的光强，在非常短的时间范围内，可以认为光强是相同的，即认定相关度为 1，随时间变长后，光强相似度降低，当时间无穷长时，光强与之前的完全不同，此时认定相关度为0。根据斯托克斯-爱因斯坦(Stokes-Einstein)方程：

$$D = \frac{k_B T}{3\pi \eta d} \tag{6-4}$$

式中，D 为扩散系数；k_B 为玻尔兹曼常量，$1.380\,650\,5 \times 10^{-23}$ J/K；T 为热力学温度；η 为黏度；d 为流体力学直径。

尺寸较大的粒子运动比较缓慢，而尺寸偏小的粒子运动快速。因此，当检测到大粒子，由于它们运动慢，其散射光斑强度的波动也相应缓慢。相反地，当检测到小粒子，由于它们运动快，其散射光斑强度的波动也会比较快。图 6-3 给出了大粒子和小粒子的相关关系函数。显然，小粒子的衰减速度远远快于大粒子的衰减速度。这样通过光强波动变化和相关关系函数就可以获得胶体体系中粒子的尺寸及分布。

3. Zeta 电位

Zeta 电位是表征胶体体系稳定性的重要指标。带电粒子会影响其周围的离子

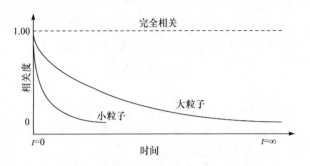

图 6-3 大粒子和小粒子的相关关系函数

分布，引起与其电荷相反的抗衡离子浓度增加，形成双电层：一个是与带电粒子紧密结合的内层，称为施特恩(Stern)层；另一个是与带电粒子结合不紧密的扩散层。扩散层有一个抽象的界面，在边界内的抗衡离子和带电粒子形成相对稳定的整体。当带电粒子运动时，会携带边界内的抗衡离子一起运动，这个边界称为滑动面(slipping surface)(图 6-4)，而这个边界上的电位即称为 Zeta 电位。Zeta 电位的数值可以指示胶体体系的稳定性，如果带电粒子的 Zeta 电位绝对值很高，粒子之间会相互排斥，从而保持整个体系的稳定性。一般来说，水相中的胶体稳定性的分界线为±30 mV。

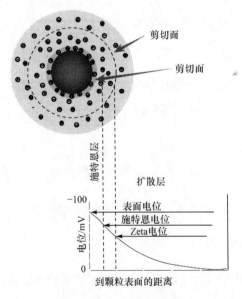

图 6-4 Zeta 电位与双电层

电泳法是测量 Zeta 电位的最主要方法。当外加电场时，带电粒子向相反电荷的电极运动(电泳)，而作用于带电粒子的黏性力会对抗这种运动，当这两种对抗力达到平衡时，粒子以恒定速度运动。粒子的运动速度(电泳迁移率)与下列因素有关：电场强度，介质的介电常数和黏度，以及 Zeta 电位。如果得到电泳迁移率，就可以根据下面的亨利(Henry)方程计算粒子的 Zeta 电位。

$$U_{E} = \frac{2\varepsilon z f(ka)}{3\eta} \tag{6-5}$$

式中，z 为 Zeta 电位；U_E 为电泳迁移率；ε 为介电常数；η 为黏度；$f(ka)$ 为亨利函数。在水性介质中 $f(ka)=1.5$，即 Smoluchowski 近似。在 Zeta 测试中，直接测定的是电泳迁移率，然后转化为 Zeta 电位。

三、实验仪器和材料

1. 配制 SDS 待测溶液

实验仪器：天平、药匙、称量纸、容量瓶、样品瓶、移液枪、涡旋仪。
实验材料：SDS 样品(纯度大于 99%)、超纯水。

2. 表面张力测试

实验仪器：DCAT 11 表面张力仪(配循环水浴、含标准吊片)、移液枪、样品池、酒精灯。
实验材料：SDS 待测溶液、超纯水。

3. 激光光散射测试

实验仪器：Nano-ZS 纳米粒度和 Zeta 电位分析仪、移液枪、比色皿、样品池。
实验材料：SDS 待测溶液、超纯水、滤膜、擦镜纸。

4. Zeta 电位测试

实验仪器：Nano-ZS 纳米粒度和 Zeta 电位分析仪、移液枪、毛细管样品池、注射器。
实验材料：SDS 待测溶液、超纯水、滤膜、擦镜纸。

四、实验步骤

除配制溶液在室温(23℃)下进行，其他测试实验均在 25℃下进行。

1. 配制 SDS 待测溶液

用天平称取不同质量的 SDS 样品，用超纯水溶解并配制成不同浓度的 SDS 待测溶液，准备进行表面张力、激光光散射和 Zeta 电位测试。

2. 表面张力测试

(1) 开机：依次打开计算机、仪器主机、循环水浴、软件。

(2) 设置仪器参数：单击测试按钮，弹出"New Measurement"对话框，选择"Surface Tension"测量模式，选择吊片法"Plate"和标准吊片"Normal"，弹出表面张力实验的标准窗口，查看"Setup"参数，确认无误后准备测量。

(3) 清洗吊片：将铂片用超纯水冲洗，然后用酒精灯外焰灼烧铂片以去除铂片上的污染物，将冷却后的铂片固定在天平挂钩上。

(4) 测量水的表面张力：将 50 mL 超纯水倒入样品池中，移动样品池使上液面距离测量铂片约 10 mm，单击"Start"进行测量，结果在"Result"中显示，超纯水的表面张力应接近 72 mN/m。若测得的表面张力值偏低，说明铂片或样品池被污染，需重新清洗，直至测得的表面张力值接近 72 mN/m。

(5) 测量 SDS 样品的表面张力：降低样品池至最低，取下含有超纯水的样品池，将 50 mL SDS 溶液倒入新的样品池中，移动样品池使上液面距离测量铂片约 10 mm，单击"Start"进行测量，结果在"Result"中显示。

(6) 测量完成后，重复第(3)步和第(4)步的操作，确保吊片清洗干净和仪器正常。

(7) 关机：依次关闭软件、循环水浴、仪器主机、计算机。

3. 激光光散射测试

(1) 依次打开计算机、纳米粒度和 Zeta 电位分析仪、软件；预热 0.5 h；通过"File"→"New"→"Measure Files"，建立新的测量文件，单击"Measure"，选择"Manual"打开设置面板，选择相应的测量模式进行测量。

(2) 设置仪器参数：选择测量模式"Measurement"为 Size，填写样品名称，确认分散剂"Dispersant"为 Water，测量温度"Temperature"为 25℃，平衡时间为 120 s，选择相应的样品池类型"Cell Type"，在"Measure"中设置测试次数。

(3) 清洗样品池并加入待测溶液：用超纯水冲洗样品池后用待测溶液润洗，用滤膜过滤除去灰尘等大颗粒物质，慢慢加入溶液，不要产生气泡，溶液的高度不低于 10 mm 且不超过 15 mm。

(4) 测试：用擦镜纸擦干样品池外的溶液，插入仪器测量槽底部，在"Manual Measurement"窗口中点击"Start"开始测试。

(5) 测试结束后，取出样品池并清洗。

(6) 完成所有测试后，依次关闭软件、纳米粒度和 Zeta 电位分析仪、计算机。

4. Zeta 电位测试

(1) 依次打开计算机、纳米粒度和 Zeta 电位分析仪、软件；预热 0.5 h；通过"File"→"New"→"Measure Files"，建立新的测量文件，单击"Measure"，选择"Manual"打开设置面板，选择相应的测量模式进行测量。

(2) 设置仪器参数：选择测量模式"Measurement"为 Zeta potential，填写样品名称，检查其他参数，确认无误后准备测量。

(3) 清洗样品池并加入待测溶液：用超纯水冲洗样品池后用待测溶液润洗，用 1 mL 注射器慢慢吸取待测溶液并注入样品池，至液面刚刚没过两片电极，塞好样品池两端盖子。

(4) 测试：用擦镜纸擦干样品池外的溶液，插入仪器测量槽底部，在"Manual Measurement"窗口中点击"Start"开始测试。

(5) 测试结束后，取出样品池并清洗。

(6) 完成测试后，依次关闭软件、纳米粒度和 Zeta 电位分析仪、计算机。

五、实验结果与讨论

利用表面张力仪测得 SDS 在不同浓度的表面张力，将表面张力数值(γ)随表面活性剂浓度对数(lg$C$)变化的关系作图，从而得到 SDS 的表面张力曲线，并获得 γ_{CMC} 和 CMC 数值。进一步根据式(6-6)计算表面吸附量 Γ，再根据式(6-7)计算最小分子截面积 A_{min}，A_{min} 是描述表面活性剂在表面吸附的重要参数。讨论和理解表面活性剂降低表面张力的原因以及表面张力曲线上转折点产生的原因。

$$\Gamma = \frac{d\gamma / d\ln C}{nRT} \tag{6-6}$$

$$A_{min} = \frac{1}{N\Gamma} \tag{6-7}$$

式中，γ 为表面张力值；C 为表面活性剂浓度；R 为摩尔气体常量[8.314 J/(mol·K)]；T 为热力学温度；N 为阿伏伽德罗常量(6.02×10^{23} mol^{-1})。

通过激光光散射测试获得 SDS 胶束的尺寸，讨论可能引起 SDS 胶束尺寸变化的因素。

通过 Zeta 电位测试获得 SDS 胶束的 Zeta 电位，依据获得的 Zeta 电位数值讨论 SDS 胶束体系的稳定性。

综合以上三种方法的结果，汇总并分析所得到的表面张力、胶束尺寸和 Zeta 电位数据，获得对表面活性剂 SDS 在表面吸附及溶液中聚集行为的认识。

六、注意事项

(1) 测表面张力时，铂片的形状和平整度会影响仪器测量精度，注意不要损坏或引起变形；仪器中配有精密天平，测量前需要调节水平；在测试不同浓度样品过程中，溶液按照浓度从低到高的顺序进行测量，避免不同浓度的溶液间产生影响。

(2) 测胶束尺寸时，由于激光光散射对气泡、灰尘及其他大颗粒非常敏感，所以制备样品时一定要注意除尘和避免溶液中含有气泡。

(3) 测 Zeta 电位时，用注射器加入样品要缓慢注入，避免产生气泡；加入待测溶液的量要浸没两个电极，避免烧毁样品池。

七、思考题

(1) 表面活性剂降低溶液表面张力的原理是什么？
(2) 为什么表面活性剂的表面张力曲线有时会出现最低点？
(3) 影响表面活性剂表面张力曲线的因素有哪些？
(4) 激光光散射测试粒子尺寸的原理是什么？
(5) 举例说明生活中遇到的光散射现象。
(6) Zeta 电位产生的原因是什么？
(7) 影响 Zeta 电位的因素有哪些？
(8) 试述 Zeta 电位与溶液 pH 的关系。

八、参考文献

赵国玺, 朱㻏瑶. 2003. 表面活性剂作用原理. 北京: 中国轻工业出版社.

Bolten D, Türk M J. 2011. Experimental study on the surface tension, density, and viscosity of aqueous poly(vinylpyrrolidone) solutions. Chem Eng Data, 56: 582-588.

Cao M W, Deng M L, Wang X L, et al. 2008. Decompaction of cationic gemini surfactant-induced DNA condensates by β-cyclodextrin or anionic surfactant. J Phys Chem B, 112: 13648-13654.

Chen Y, Ji X L, Han Y C, et al. 2016. Self-assembly of oleyl bis(2-hydroxyethyl)methyl ammonium bromide with sodium dodecyl sulfate and their interactions with Zein. Langmuir, 32: 8212-8221.

Kumar A, Mohandas V P, Ghosh P K. 2003. Experimental surface tensions and derived surface properties of binary mixtures of water + alkoxyethanols (C_1E_m, m = 1, 2, 3) and water + ethylene glycol dimethyl ether ($C_1E_1C_1$) at (298.15, 308.15, and 318.15) K. J Chem Eng Data, 48: 1318-1322.

Liu Z, Cao M W, Chen Y, et al. 2016. Interactions of divalent and trivalent metal counterions with anionic sulfonate gemini surfactant and induced aggregate transitions in aqueous solution. J Phys Chem B, 120: 4102-4113.

Thielbeer F, Donaldson K, Bradley M. 2011. Zeta potential mediated reaction monitoring on nano and microparticles. Bioconjugate Chem, 22: 144-150.

(王毅琳 韩玉淳)

实验 7 分子筛的合成及表征

一、实验目的

(1) 了解分子筛的用途，学习分子筛的常规合成方法。

(2) 认识分子筛的形貌与结构表征方法，了解相关设备的原理与功能。

二、实验原理

1. 分子筛的结构与用途

分子筛也称沸石，是以硅氧四面体和铝氧四面体为基本结构单元，通过氧桥连接构成的一类具有规则均一的笼形或孔道结构的结晶铝硅酸金属盐的水合物，其化学通式可表示为：$Me_n^x[(AlO_2)_x(SiO_2)_y \cdot mH_2O]$，其中 Me 为金属阳离子，$n$ 为金属阳离子价数，x 为铝原子数，y 为硅原子数，m 为结晶水分子数。

分子筛结构包括三个层次：①初级结构单元：分子筛都是一个个四面体通过共用顶点面形成的三维四连接骨架堆积得到的，所以一个四面体就是一个初级的结构单元(TO_4 四面体)，常见的如[SiO_4]、[AlO_4]或[PO_4]等四面体；②次级结构单元(SBU)：由 TO_4 四面体通过共用顶点的氧原子，从而按照不同连接方式组成的多元环结构，比较常见的环结构如四元环、五元环、六元环、双四元环和双六元环；③孔道/笼结构单元：次级结构单元进一步通过氧桥连接，形成笼状结构。

分子筛的用途非常广泛，利用规整的孔道结构及其筛分特性，用于选择性吸附和分离；利用其酸性和热稳定性，广泛用作炼油工业和石油化工中的工业催化剂。

2. 分子筛的合成

分子筛的合成方法有水热法、溶胶-凝胶法、水热转化法和离子交换法等。其中，水热合成是最常用的方法之一。通常过程包括：将硅源和铝源在水中搅拌形成氢氧化物凝胶，再加入结构模板导向剂，分散均匀后，放入密闭的高压釜，在一定温度下加热反应，最后经洗涤、干燥、煅烧得到分子筛。

本实验采用传统的水热法合成 Silicalite-1 沸石分子筛，通过改变水热合成的时间和温度，研究不同合成条件对产物 Silicalite-1 沸石分子筛形貌和结构的影响。

三、实验仪器和材料

实验仪器：烧杯(250mL)、量筒(50mL)、移液枪、分析天平、恒温加热磁力搅拌器、电热鼓风干燥箱、不锈钢反应釜、马弗炉、X 射线衍射仪(XRD)、扫描电子显微镜(SEM)、透射电子显微镜(TEM)。

实验材料：正硅酸乙酯(TEOS)、四丙基氢氧化铵(TPAOH)、去离子水。

四、实验步骤

(1) 将模板剂 TPAOH 加入去离子水中，开启磁力搅拌器，完全溶解后逐滴加入 TEOS，合成液的配比为 TEOS：TPAOH：H_2O=1：0.32：165(物质的量比)，室温陈化 0.5 h 至合成液澄清。

(2) 将合成液分成三份，分别转移至圆底烧瓶和带聚四氟乙烯内衬的不锈钢反应釜中，分别在 80℃、100℃和150℃晶化 24 h，反应结束后，待温度降至室温，将所得沉淀离心洗涤 5 次，80℃烘干。

(3) 放入马弗炉中 550℃下煅烧 6 h，升温速度为 5℃/min，去除模板剂。

(4) 将所得最终产物进行 XRD、SEM/TEM 表征。

五、实验结果与讨论

(1) 得到相应条件下合成的 Silicalite-1 分子筛的 XRD 谱图，比对标准卡片确定是否合成出目标分子筛。

(2) 根据 SEM/TEM 数据进一步观察产物的基本形貌特征。

(3) 根据上述数据，讨论温度和时间对分子筛形貌的影响。

六、注意事项

(1) 规范称量，正确使用移液枪，保证使用前反应釜的洁净。

(2) TPAOH 具有强腐蚀性，使用时必须小心！

(3) 溶液体积应小于反应釜容积的 2/3，并拧紧。

七、思考题

(1) 还有哪些因素可以影响 Silicalite-1 分子筛的形貌？

(2) Silicalite-1 分子筛合成过程的影响因素有哪些？

(3) 为什么要保证使用前反应釜的洁净？

八、参考文献

Carrott P J M, Sing K S W. 1986. Characterization of silicalite-1 and ZSM-5 zeolites by low-temperature nitrogen adsorption. Chemistry & Industry, 22: 786-787.

Fegan S G, Lowe B M. 1984. Crystallisation of silicalite-1 precursors. J Chem Soc, Chem Commun, 7: 437-438.

Fegan S G, Lowe B M. 1986. Effect of alkalinity on the crystallization of silicalite-1 precursors. J Chem Soc, Faraday Trans Ⅰ, 82: 785.

Hayhurst D T, Aiello R, Nagy J B, et al. 1988. Effect of NaOH, TPAOH, and TPABr concentration on the growth rate and morphology of silicalite-1. Acs Symp Ser, 368: 277-291.

(宋卫国)

实验 8 荧光的动态猝灭研究

一、实验目的

(1) 学习利用荧光光谱技术考察分子间相互作用。

(2) 学习应用斯顿-伏尔莫(Stern-Volmer)方程定量分析荧光猝灭过程。

(3) 学习使用稳态荧光光谱仪和时间分辨荧光光谱仪。

二、实验原理

荧光(fluorescence)是激发态辐射衰变的一种类型，特指自旋状多重态保持的辐射跃迁。荧光化合物中产生荧光的基团称为荧光团(fluorophore)。

当某一影响因素使样品的荧光强度变弱，即称发生了荧光猝灭(fluorescence quenching)过程。荧光猝灭是一种基础的光物理现象。多种分子间相互作用都可以引起荧光猝灭，如激发态化学反应、分子结构重排、能量传递、基态复合物生成和碰撞猝灭等。引起荧光猝灭的试剂称为猝灭剂(quencher)。根据猝灭机理的不同，荧光的猝灭过程大体上可分为动态猝灭和静态猝灭。

荧光的猝灭过程可通过时间分辨荧光(time-resolved fluorescence)检测法探究。对于单寿命荧光团，其在某一波长处的发光强度 I 与时间 t 的关系可通过式(8-1)描述：

$$\ln I = \ln I_0 - k_0 t \tag{8-1}$$

式中，I_0 为初始荧光强度；k_0 为荧光分子的荧光衰减常数。若有猝灭剂 Q 存在，则 I 与 t 的关系变为式(8-2)的形式：

$$\ln I = \ln I_0 - \left(k_0 + k_q [Q]\right) t \tag{8-2}$$

式中，k_q 为双分子猝灭常数；$[Q]$ 为猝灭剂浓度。定义表观荧光衰减常数：

$$k_{obv} = k_0 + k_q [Q] \tag{8-3}$$

测量猝灭剂浓度不同时的荧光衰减曲线，即可得到一系列 k_{obv}。由式(8-3)可知，以 k_{obv} 对 $[Q]$ 作图，可得到一条斜率为 k_q 的直线，由此可求得 k_q 的数值。

荧光的猝灭过程也可直接利用稳态荧光光谱(steady-state fluorescence spectroscopy)探究。单一双分子的荧光动态猝灭过程可通过斯顿-伏尔莫方程[式(8-4)]描述：

$$\frac{F_0}{F} = 1 + k_q \tau_0 [Q] = 1 + K_{SV} [Q] \tag{8-4}$$

式中，F_0 和 F 分别为加入猝灭剂前后样品的稳态荧光强度；τ_0 为加入猝灭剂前荧光团的荧光寿命；$K_{SV} = k_q \tau_0$，为斯顿-伏尔莫猝灭常数。

由式(8-4)可知，F_0/F 与 $[Q]$ 呈线性关系，因此在斯顿-伏尔莫分析中，常以 F_0/F 对 $[Q]$ 作图，得到的斯顿-伏尔莫曲线为一条截距为 1、斜率为 K_{SV} 的直线，据此得到 K_{SV} 的数值。

斯顿-伏尔莫分析不仅可探究荧光物质的基础光物理过程，还可作为探究生物大分子结构的辅助工具，是一种应用广泛的分析方法。

三、实验仪器和材料

实验仪器：瞬态-稳态荧光光谱仪、分析天平、药匙、称量纸、容量瓶、移液管、洗耳球、石英比色皿、洗瓶、吹风机。

实验材料：二水硫酸奎宁、0.05 mol/L 硫酸溶液、碘化钠、乙醇、氮气。

四、实验步骤

(1) 配制奎宁和碘化钠溶液母液。

(2) 利用瞬态-稳态荧光光谱仪，测量一系列奎宁-碘化钠溶液的稳态光谱和发光峰处的荧光衰减曲线。其中，碘化钠的浓度分别为 0、1.0 mmol/L、2.0 mmol/L、3.0 mmol/L、4.0 mmol/L、5.0 mmol/L，奎宁浓度均为 10 μmol/L，激发光源为 320 nm 半导体激光器。

五、实验结果与讨论

(1) 根据一系列奎宁-碘化钠溶液的荧光衰减曲线，计算奎宁的荧光衰减常数 k_0 和奎宁-碘化钠溶液体系的双分子猝灭常数 k_q。根据一系列奎宁-碘化钠溶液的稳态光谱，得到斯顿-伏尔莫曲线，计算碘离子对奎宁的斯顿-伏尔莫猝灭常数 K_{SV}。

(2) 给出所有计算结果的误差分析。

(3) 讨论如下问题：

(i) 荧光光谱仪的工作原理是什么？

(ii) 本实验中，荧光衰减常数 k_0 和双分子猝灭常数 k_q 的物理意义是什么？其值的大小说明了什么？

(iii) 式(8-4)给出的斯顿-伏尔莫方程的适用条件是什么？它是斯顿-伏尔莫方程的唯一形式吗？斯顿-伏尔莫猝灭常数 K_{SV} 的物理意义是什么？其值的大小说明了什么？

(iv) 为什么测量得到的斯顿-伏尔莫曲线并非直线？

六、注意事项

(1) 采集单个光谱所需样品量约为 3 mL。实验前需预先计算好所需试剂、溶剂量，并制订好溶液配制方案。

(2) 瞬态-稳态荧光光谱仪的使用步骤如下：

(i) 打开检测器冷却装置电源，预热 0.5 h。

(ii) 依次打开荧光光谱仪电源、计算机电源、软件。

(iii) 装入半导体脉冲激光器，打开激光器电源。

(iv) 放入样品。打开 "Signal Rate" 设置窗口，调整各狭缝大小，确保 "Xe900" 模式下 "Em1" 的 "Signal Rate" 不超过 10^6。

(v) 测量稳态光谱：设定参数(检测波长范围、检测速度等)后，扫描稳态光谱。

(vi) 测量荧光衰减曲线：设定参数(检测波长、检测时间范围、停止条件、激光器频率等)后，测量荧光衰减曲线。

(vii) 放入新的样品，不要改变狭缝大小，重复步骤(v)和(vi)。

(viii) 导出数据。依次关闭软件、激光器电源、计算机电源、荧光光谱仪电源、冷却装置电源。

(3) 每测量一个样品，石英比色皿须依次用去离子水、乙醇洗净，吹干后，方可进行下一次测量。

七、参考文献

何金兰, 杨克让, 李小戈. 2002. 仪器分析原理. 北京: 科学出版社.

Lakowicz J R. 2006. Principles of Fluorescence Spectroscopy. 3rd ed. New York: Springer.

Turro N J, Ramamurthy V, Scaiano J C. 2010. Modern Molecular Photochemistry of Organic Molecules. Sausalito: University Science Books.

Valeur B. 2001. Molecular Fluorescence: Principles and Applications. Weinheim: Wiley-VCH Verlag GmbH.

Wardle B. 2009. Principles and Applications of Photochemistry. New York: John Wiley & Sons, Ltd.

(杨国强　郭旭东)

实验 9　自发荧光微球的均一制备、新型表征及生物应用

一、实验意义和目的

体内的代谢和降解作用会缩短药物的半衰期，降低病变部位的药物浓度，并且增加药物的毒副作用。基于微球的给药方式可以改变药物的体内分布并实现药物的可控释放，从而克服单独给药时存在的上述缺陷。

传统的微球制备大多先采用机械搅拌法制备乳液，然后固化形成微球。该方法制备出的颗粒大小不均一，粒径分布较宽，因而会造成批次间重复性变差，药物的包埋效率降低，并且影响后续的生物学效应和治疗效果。虽然经过筛分可以得到粒径均一的纳微米颗粒，但是这一过程烦琐复杂，耗时长，不仅浪费人力和财力，而且会造成原料的浪费。

微球作为药物载体时，其在体内的吸收、分布和代谢情况很大程度上决定了最终药效的发挥情况。为此，科研人员开发了很多示踪产品和相关技术来追踪这些微小粒子在生物体内和细胞内的运动情况。目前主流的方法是利用荧光染料标记的微球进行示踪。遗憾的是，被包埋的荧光染料在后期的储存和使用过程中容易泄漏，从而导致实验样品的荧光背景偏高；荧光染料分子还会改变微球的表面电荷和其他性质，在一定程度上改变微球与组织和细胞间的相互作用，影响结果的准确性。

针对上述问题，本实验利用微孔膜乳化技术实现了微球粒径的均一性和可控性，并且通过壳聚糖微球的交联过程赋予了微球自发荧光的特性；在此基础上，利用激光扫描共聚焦显微镜观察自发荧光壳聚糖微球被细胞摄取的情况。

二、实验原理

SPG(Shirasu porous glass)膜是一种具有较高机械强度和较高孔径均一性的亲水性微孔玻璃膜。该技术的基本工作原理是在一定的压力下将分散相(壳聚糖水溶液)缓慢压过均匀的膜孔进入连续相中，从而在膜孔处自发形成粒径均一的乳滴脱落，形成 W/O(水/油)型乳液[图 9-1(a)]。利用壳聚糖侧链上氨基的高反应活性，可以用戊二醛与壳聚糖进行共价交联，固化完成后即可通过离心洗涤获得均一的壳聚糖微球。微球与细胞共孵育后，即可被摄取[图 9-1(b)]，行使示踪、药物递送等功能。

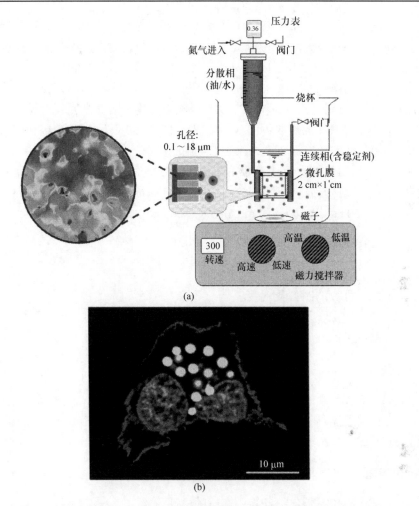

图 9-1　微孔膜乳化机理(a)和微球被细胞摄取的激光扫描共聚焦显微图(b)

三、实验仪器和材料

实验仪器：微孔膜乳化装置、精密电子天平、磁力搅拌器、光学显微镜、离心机、激光扫描共聚焦显微镜等。

实验材料：SPG 微孔膜、壳聚糖、戊二醛、细胞株、液体石蜡、石油醚、冰醋酸、甲苯、丙酮、乙醇、甲醛、PO-500 乳化剂、PBS、Hoechst 33258、罗丹明-鬼笔环肽、氮气等。

四、实验步骤

(1) 微球制备：将一定量的壳聚糖溶于 1%乙酸水溶液中，配制成 2%壳聚糖水溶液，待其完全溶解后，离心过滤除去不溶物。将液体石蜡和石油醚按照体积比 7 : 5 进行混合，并加入 4% PO-500 乳化剂作为油相。称取一定量过滤后的壳聚糖溶液装入特氟龙管，采用氮气加压，使管内的壳聚糖水溶液透过 SPG 疏水膜压入含有乳化剂的油相中，成为 W/O 型乳液。待乳化完毕，缓慢滴加一定量戊二醛饱和的甲苯溶液，并在 300 r/min 下交联 2 h，然后离心分离，弃去上清液，依次用石油醚、丙酮、乙醇各洗涤 2 次，收集得到均一的交联壳聚糖微球。

(2) 细胞对微球的摄取：细胞与微球在 37℃或 4℃下共孵育 4 h 后(已提前准备)，用冰冷的 PBS 洗涤 3 次，除去未被细胞摄取的微球。将样品用 4%甲醛固定 30 min，随后用罗丹明-鬼笔环肽和 Hoechst 33258 对细胞进行染色，用激光扫描共聚焦显微镜对样品进行观察。激发光源为 364 nm、488 nm 和 543nm，荧光通道为 420～450 nm、510～540 nm 和 570～600 nm。

五、实验结果与讨论

(1) 微孔膜乳化装置的搭建。
(2) 均一乳液的制备及观察。
(3) 微球的交联及洗涤和收集。
(4) 细胞摄取微球的观察及定量检测。

六、注意事项

(1) 遵守实验室的操作规程和安全注意事项。
(2) 提前阅读参考文献，了解相关背景知识。
(3) 预先了解激光扫描共聚焦显微镜的原理。

七、思考题

(1) 试述微孔膜乳化制备均一微球的机理。
(2) 试述微球均一性对生物医学应用的重要性。
(3) 试述交联壳聚糖微球自发荧光的机理和应用。

八、参考文献

Wang L Y, Ma G H, Su Z G. 2005. Preparation of uniform sized chitosan microspheres by membrane emulsification technique and application as a carrier of protein drug. J Controlled Release. 106: 62-75.

Wei W, Wang L Y, Yuan L, et al. 2007. Preparation and application of novel microspheres possessing autofluorescent properties. Adv Funct Mater, 17: 3153-3158.

(马光辉　魏　炜)

实验 10　染料敏化太阳能电池的制备和性能测定

一、实验意义和目的

太阳能是一种储藏量巨大的可再生能源，廉价高效地利用太阳能是解决人类能源和环境问题的途径之一。与化石能源相比，太阳能取之不尽、用之不竭；与核能相比，太阳能更安全；与水能、风能相比，太阳能受地理条件的限制较少，更利于大规模应用。因此，对太阳能的开发利用引起了人们的高度重视，其中又以能将太阳能转换为电能的太阳能电池的发展最为迅速。

太阳能电池按照主要功能材料可分为无机太阳能电池、有机太阳能电池和杂化太阳能电池。染料敏化太阳能电池(dye sensitized solar cell，DSSC)是一种近年来发展起来的有机无机复合太阳能电池。1991 年，瑞士的 Grätzel 教授和他的研究小组采用高比表面积的纳米多孔二氧化钛膜作为半导体电极，以过渡金属 Ru 和 Os 等为中心原子的络合物作染料，并选用适当的氧化还原电解质，研制出纳米晶染料敏化太阳能电池，光电转换效率一举突破了 7%。最新的数据表明，该类太阳能电池目前最高的光电转换效率达 14.3%。

本实验的目的是学生通过实际动手操作，了解染料敏化太阳能电池的结构和工作原理；了解表征太阳能电池性能的主要指标参数，以及各指标参数的测量方法原理和所用的仪器。

二、实验原理

1. 太阳能电池的性能参数及测试方法

表征太阳能电池性能最重要的参数是光电转换效率。光电转换效率(η)：表示光能转换为电能的比率，$\eta = \dfrac{P_{\text{out}}}{P_{\text{in}}}$，其中 P_{in} 为照射在电池表面的太阳光强；P_{out} 为最大的输出电功率。在相同的电池面积和光照条件下，光电转换效率越高，发出的电能越多，发电成本越低。

太阳光强在不同的时间和不同的地区是不同的。为了方便测试与比较，国际上给出了不同情况下标准太阳光谱。标准太阳光谱给出了总的辐照强度(光强，mW/cm^2)及各波长范围内的强度分布。这些情况用 AM(air mass)后接数字表示，如 AM0、AM1.0、AM1.5 等。AM0 表示的是地球附近外太空的情况，总光强为

1353 W/m², 用于测试卫星和宇宙飞船上的太阳能电池板。AM1.0 表示的是无云晴朗的天气太阳直射在海平面高度地表时的情况。当太阳光入射角与地面成夹角 θ 时, 在海平面高度, 大气质量为 AM=1/cos θ。当 θ = 48.2°时, 大气质量为 AM1.5, 其光强为 1kW/m², 是目前最常用的太阳能电池和组件效率测试时的标准。在室外测试会受到天气等多种因素的影响, 因此大多数情况都是在室内测试。测试用的光源称为太阳能模拟器。太阳能模拟器可以根据需求更换滤色片, 模拟不同 AM 的光谱。

太阳能电池有较大的内阻, 因此在不同的外电路条件下, 不同的外负载下输出功率是不同的。上式中的 P_{out} 是指最大的输出功率。为了获得太阳能电池的最大输出功率, 需要测量一系列不同实验条件下的输出功率。通常采用的测量方法有两种: 一种是变电阻测试法, 另一种是变电压测试法。由于仪器电子化技术的发展, 现在基本都采用变电压测试法。在变电压测试法中, 仪器自动改变电池两端的电压, 并测量在不同电压下电池输出的电流。这样就可以得到一条电流-电压关系曲线, 也称为 I-V 曲线。为了便于比较不同面积电池的性能, 通常将电流除以电池的面积, 得到电流密度-电压曲线, 也称为 J-V 曲线, 如图 10-1 中黑色曲线所示。从 I-V(J-V) 曲线可以得到太阳能电池以下参数。

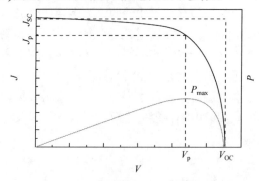

图 10-1　太阳能电池的电流-电压特性曲线

(1) 开路光电压(V_{OC}): 是在开路情况下太阳能电池的电压, 单位为 V 或 mV, 为图 10-1 中 I-V(J-V) 曲线与横轴的交点。

(2) 短路光电流(I_{SC}): 是指在短路情况下太阳能电池的电流, 为图 10-1 中 I-V 曲线与纵轴的交点; 短路光电流密度(J_{SC}): 是指单位面积的短路光电流, 单位通常是 mA/cm², 为图 10-1 中 J-V 曲线与纵轴的交点。

(3) 从 I-V 曲线还可得到功率曲线(图 10-1 中的灰色曲线)。功率曲线的横坐标与 I-V 曲线相同, 都是太阳能电池的输出电压, 纵坐标是功率, 也就是电压与电流的乘积。从功率曲线上可以找到输出最大功率 P_{max}, 以及获得最大输出功率时对应的电流(J_p)和电压(V_p)。

(4) 填充因子(ff): 是指太阳能电池具有最大输出功率时电流和电压的乘积与

太阳能电池的短路光电流和开路光电压乘积的比值：

$$ff = \frac{P_{max}}{I_{SC} \times V_{OC}} = \frac{I_p \times V_p}{I_{SC} \times V_{OC}} \qquad (10\text{-}1)$$

ff 在图 10-1 中相当于两个矩形面积之比。

光电转换效率(η)也可以由式(10-2)表示：

$$\eta = \frac{J_{SC} V_{OC} ff}{P_{in}} \qquad (10\text{-}2)$$

综上所述，光电转换效率、短路光电流、开路光电压及填充因子是表征太阳能电池性能的重要参数。

还有一个重要参数是外部量子效率(EQE)，也称为入射单色光子-电子转换效率(IPCE)，其定义是外电路中产生的电子数与入射单色光子数之比：

$$IPCE = 1240(J_{SC}/\lambda\phi) = 1240(J_{SC}/\lambda P_{in}) \qquad (10\text{-}3)$$

由于太阳能电池对不同波长入射光的响应不同,IPCE 可以用来研究影响太阳能电池效率的因素。通过测量不同波长下的光强和光电流，就可以得到太阳能电池的 IPCE。染料敏化太阳能电池的典型 IPCE 如图 10-2 所示。

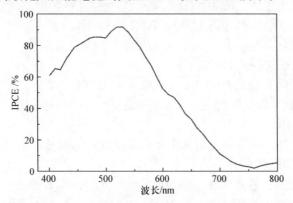

图 10-2　染料敏化太阳能电池的典型 IPCE

太阳能电池的 IPCE 与短路光电流的关系：$J_{SC} = \int_{E_g}^{\infty} IPCE(E)P(E)d(\ln E)$ ，其中 E 为光子的能量，$P(E)$ 为光源的光谱分布。

2. 染料敏化太阳能电池的结构和工作原理

染料敏化太阳能电池的主要结构和工作原理如图 10-3 所示,它主要由五部分组成：①透明导电基底[一般为 FTO(掺氟的氧化锡)或 ITO(掺铟的氧化锡)]；②多孔半导体纳晶薄膜(一般为 TiO$_2$)；③染料光敏剂[其最低未占分子轨道(LUMO)能级要高于半导体的导带]；④含有氧化还原电对的电解质；⑤对电极。

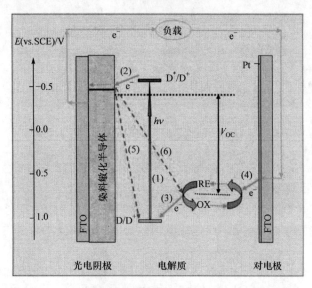

图 10-3　染料敏化太阳能电池的主要结构和工作原理

(1) 吸附在半导体上的染料(D)吸收光子产生激发态电子(D^*)，从其最高占据分子轨道(HOMO)能级跃迁到 LUMO 能级[式(10-4)]。

(2) 染料激发态的电子注入 TiO_2 的导带形成氧化态染料(D^+)，电子通过多孔 TiO_2 薄膜传到阳极[式(10-5)]。

(3) 处于氧化态的染料(D^+)接收电解质氧化还原电对中还原组分(RE)的电子重新生成染料(D)，即染料再生，同时氧化还原电对中的还原组分被氧化成氧化组分(OX)[式(10-6)]。

(4) 氧化组分迁移至阴极得到电子重新变成还原组分，同时电子从外电路传输形成一个回路[式(10-7)]。

但是在此过程中存在两个竞争反应：一个是处于 TiO_2 薄膜中的电子被氧化态染料捕获，导致电子的复合[式(10-8)]；另一个则是处于 TiO_2 薄膜中的电子被氧化还原电对中的氧化组分捕获，同样导致电子的复合[式(10-9)]。整个过程是光致发电，并未产生任何化学变化。

$$D\,|\,TiO_2 + h\nu \xrightarrow{\text{光子激发}} D^*\,|\,TiO_2 \tag{10-4}$$

$$D^*\,|\,TiO_2 \xrightarrow{\text{电子注入}} D^+\,|\,TiO_2 + e^-\,|\,TiO_2 \tag{10-5}$$

$$D^+\,|\,TiO_2 + RE \xrightarrow{\text{染料再生}} D^+\,|\,TiO_2 + OX \tag{10-6}$$

$$OX + e^-\,|\,CE \xrightarrow{\text{电解质再生}} RE \tag{10-7}$$

$$e^-\,|\,TiO_2 + D^+\,|\,TiO_2 \xrightarrow{\text{通过}D^+\text{复合,暗反应}} D\,|\,TiO_2 \tag{10-8}$$

$$e^-\,|\,TiO_2 + OX \xrightarrow{\text{通过OX复合,暗反应}} RE \tag{10-9}$$

从染料敏化太阳能电池的工作原理可知，电池的各组成部分都会对其性能产生重要影响。

三、实验仪器和材料

实验仪器：太阳能模拟器、数字源表、IPCE 测试系统、标准太阳能电池、平板加热器、玻璃棒、洗耳球。

实验材料：FTO 导电玻璃、二氧化钛胶体、N3 染料、电解质、铂对电极、异丙醇、氮气、无水乙醇、3M 胶带。

四、实验步骤

1. 工作电极的制备

将处理过的 FTO 导电玻璃从异丙醇溶液中取出并用氮气吹干，用 3M 胶带粘住 FTO 导电玻璃的两边，在玻璃中间滴上 12%(质量分数)二氧化钛胶体，用玻璃棒将胶体涂匀，然后将玻璃棒压在胶带上，从一端向另一端迅速移动，将多余的胶体刮走，在 FTO 导电玻璃上形成一层均匀的薄层，上述方法又称为刮涂法。涂好的电极室温干燥后放在平板加热器上，450℃下加热 30 min。

将上述制备的 TiO_2 纳晶薄膜从平板加热器上取出后，放入 5×10^{-4} mol/L N3 染料的无水乙醇溶液中，吸附 2 h。吸附完成后，取出用无水乙醇冲洗去掉物理吸附的染料后，用洗耳球吹干，即得染料敏化 TiO_2 纳晶多孔薄膜电极。

2. 电池的组装

将电解质滴加到染料敏化 TiO_2 纳晶多孔薄膜电极中，使其完全渗透到多孔薄膜工作电极中。然后将铂对电极盖于工作电极上，放在测试台上并旋紧固定螺丝，即组装成三明治结构的染料敏化太阳能电池。

3. 光电性能的测量

光电流-光电压特征曲线用数字源表在室温下测量。光源为太阳能模拟器，入射光强为 100 mW/cm^2，采用标准太阳能电池校准光强。光从 TiO_2 纳晶多孔薄膜电极方向入射，光照面积为 0.2 cm^2。

IPCE 采用自制的测试系统进行。

两种测试均由计算机自动控制进行。

五、实验结果与讨论

(1) 根据 I-V 曲线给出功率曲线，并求出太阳能电池的短路光电流、开路光电压、填充因子和光电转换效率。

(2) 计算电池的 IPCE。

(3) 与文献数据比较，分析自制电池效率较低的原因及改进的建议。

六、注意事项

(1) 平板加热器和光源温度较高，小心烫伤。

(2) 测试时不要长时间直视光源。

(3) 光源关闭后，要保持风扇开启冷却一段时间。

七、思考题

(1) 影响太阳能电池大规模应用的因素有哪些？

(2) 为什么太阳能电池的理论光电转换效率在不同的文献中是不同的？这些理论转换效率的计算依据和前提是什么？太阳能电池理论的最高效率是多少？目前的实际最高效率是多少？

(3) 单晶硅太阳能电池的理论最高转换效率是多少？实验室最高效率是多少？工厂的电池效率是多少？对此现象有什么看法？

八、参考文献

Grätzel M. 2005. Solar energy conversion by dye-sensitized photovoltaic cells. Inorg Chem, 44: 6841-6851.

Grätzel M. 2009. Recent advances in sensitized mesoscopic solar cells. Acc Chem Res, 42: 1788-1798.

Hagfeldt A, Boschloo G, Sun L, et al. 2010. Dye-sensitized solar cells. Chem Rev, 110: 6595-6663.

Kakiage K, Aoyama Y, Yano T, et al. 2015. Highly-efficient dye-sensitized solar cells with collaborative sensitization by silyl-anchor and carboxy-anchor dyes. Chem Commun, 51: 15894-15897.

O'regan B, Grfitzeli M. 1991. A low-cost, high-efficiency solar cell based on dye-sensitized colloidal TiO$_2$ films. Nature, 353: 737-740.

(林　原)

实验 11 微生物燃料电池性能测定及单室微生物燃料电池阴极氧还原催化剂的性能表征

(一) 微生物燃料电池的电池组装与性能测定

一、实验目的

(1) 掌握微生物燃料电池的基本工作原理。

(2) 学会组装单室或双室微生物燃料电池。

(3) 掌握电压、pH、OD_{660} 的测定方法。

(4) 了解微生物燃料电池的应用领域。

二、实验原理

微生物燃料电池(microbial fuel cell，MFC)作为一种特殊的燃料电池，是一种在常温、常压及中性环境下以微生物为催化剂，直接将有机物中的化学能转化为电能的新技术。MFC 在废水处理和生物产电方面具有广阔的应用前景，在处理废水的同时产生清洁电能，为解决能源危机和环境问题提供了一条可行之路。

最早的微生物燃料电池是双室结构，主要由阳极室、阴极室和质子交换膜(PEM)组成，其典型结构如图 11-1 所示。阳极液中有机物通过阳极液中微生物的催化作用，产生电子和质子，其中电子由电子中介体或产电微生物传递到阳极再经外电路到达阴极，质子从阳极室透过质子交换膜到达阴极室。阴极上，在催化剂的作用下，电子受体(O_2)得电子并与质子结合形成水，完成整个化学能向电能转化过程。

相比传统的化学电池，MFC 电压的产生比较复杂。在运行 MFC 实验时，产电微生物经过一段时间的驯化附着在阳极石墨毡上，形成生物膜。在驯化过程中，产电微生物通过代谢产生其他物质(如酶、电子中介体等)。而且，在驯化过程的不同时期，由于底物的消耗和代谢产物的生成，产电微生物的代谢水平不一样，这就造成了 MFC 电压的产生更加复杂。可以根据底物(电子供体)和氧化剂(电子受体)的量，从热力学和动力学的角度通过理论计算获得该体系下能产生的最大理论电压。

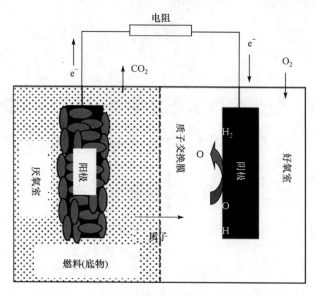

图 11-1　双室微生物燃料电池的结构示意图

对于电池电极发生的氧化还原反应，其理论电极电位可以通过能斯特方程求得

$$E_{\text{ele}} = E^{\ominus} - \frac{RT}{nF} \ln \frac{[\text{Red}]^p}{[\text{Oxide}]^r} \tag{11-1}$$

式中，$E^{\ominus}$ 为电极反应的标准电动势；E_{ele} 为实际的电极电位；R 为摩尔气体常量，8.314 J/(mol·K)；T 为电解液的热力学温度，通常取 298 K；n 为电极反应中的电子传递数；F 为法拉第常量，96 485 C/mol。上述电极电位一般是根据标准状况下相对于氢的电极电位计算而来，而氢的标准还原电极电位定义为 0 V(IUPAC)。相对于氢标准还原电位的电极反应电位称为标准氢电位(NHE 或 SHE)。在实际电极电位的测量中，通常用到参比电极，测得的电位需要根据参比电极的标准氢电位换算。在空气阴极微生物燃料电池阴极的反应为氧还原，电极半反应为

$$\frac{1}{2}O_2 + 2H^+ + 2e^- \longrightarrow H_2O, \quad E^{\ominus}(O_2) = 1.229 \text{ V} \tag{11-2}$$

微生物燃料电池中的电解液为中性，pH=7。根据 IUPAC 公约，将温度 298 K、1 mol/L 的液体浓度及 100 kPa 的气体浓度设定为标准条件。另外，固体和液体的活度均设定为 1。根据能斯特方程，其空气阴极的修正电极电位为

$$E_{\text{cathode}} = E^{\ominus} - \frac{RT}{nF} \ln \frac{1}{[O_2]^{\frac{1}{2}}[H^+]^2}$$

$$= 1.229\ \text{V} - \frac{8.314 \frac{\text{J}}{\text{mol} \cdot \text{K}} \times 298\ \text{K}}{2 \times 96\,485 \frac{\text{C}}{\text{mol}}} \ln \frac{1}{\left(0.2 \frac{\text{mol}}{\text{L}}\right)^{\frac{1}{2}} \times \left(10^{-7} \frac{\text{mol}}{\text{L}}\right)^2}$$

$$= 0.805\ \text{V} \tag{11-3}$$

空气阴极的电极电位为正值，根据吉布斯自由能热力学方程：

$$\Delta G_r^{\ominus} = -nFE^{\ominus} \tag{11-4}$$

可知 $\Delta G_r^{\ominus}$ 为负值，说明阴极的氧还原为热力学自发反应。同样，对于生物阳极的反应，以葡萄糖作为底物时，葡萄糖在阳极的还原电极电位 $E_{\text{anode}} = 0.050\ \text{V}$。然而，阳极的实际反应为葡萄糖的氧化过程，为还原电位的逆过程，其实际电极反应电位为负值，$\Delta G_r^{\ominus}$ 为正值，为热力学非自发反应。

微生物燃料电池的总电池电位根据阴、阳两极的电极电位差计算得到

$$E_{\text{cell}} = E_{\text{cathode}} - E_{\text{anode}} = 0.805\ \text{V} - 0.050\ \text{V} = 0.755\ \text{V} \tag{11-5}$$

因此，最终可得到空气阴极微生物燃料电池的理论电压为 0.755 V。然而，由于电极极化(主要包括电化学极化、欧姆极化和浓差极化)现象的存在，MFC 的输出电压比理论电压值低很多。另外，氧气还原生成水需要转移 4 个电子，而在一般情况下这个反应过程很难实现。反应过程中很可能转移 2 个电子，生成中间产物 H_2O_2，H_2O_2 不仅会杀伤产电微生物，还会降解单室空气阴极 MFC 空气阴极中的胶黏剂和扩散层。

值得注意的是，由于产电微生物代谢过程比较复杂，其利用葡萄糖作为底物转化时，会产生不同的次级代谢产物。例如，微生物首先将葡萄糖代谢为葡萄糖酸、乙酸、丁酸等，再进一步代谢为二氧化碳。而且，微生物对各种次级代谢产物及初始底物的消耗过程可能同时进行，增加了阳极氧化的复杂性。当一种底物代谢完毕后，微生物开始主要消耗次级底物，使得微生物燃料电池的输出电压发生改变。例如，当微生物将葡萄糖全部代谢完毕，开始消耗电解液中产生的乙酸时，其阳极的电极电位则变为 -0.300 V。此时，整个空气阴极微生物燃料电池的理论输出电压则为

$$E_{\text{cell}} = E_{\text{cathode}} - E_{\text{anode}} = 0.805\ \text{V} - (-0.300\ \text{V}) = 1.105\ \text{V} \tag{11-6}$$

也就是说，由于微生物代谢过程的复杂性，微生物燃料电池的输出电压会随着代谢路径的改变而发生改变甚至突变。以往的实验过程中，在开始运行的一段时间内，输出电压往往会发生突跃。对于阳极液接种的双室微生物燃料电池，在

接种菌液约 24 h 后，电解液中的葡萄糖则基本被代谢转化为酸类物质，进而代谢路径发生改变，同时输出电压也发生指数式上升。同样，对于阳极生物膜接种的空气阴极单室微生物燃料电池，其在 2～6 h 内就可以完全代谢葡萄糖，接着输出电压也会发生阶梯式上升。这都是由于产电微生物开始以糖类为底物，然后以酸类为底物，阳极的电极电位发生了改变，使得整个电池的理论电压从 0.755 V 突然增加为 1.105 V。当然，由于电池的极化作用，真实的输出电压要低很多。

对于空气阴极微生物燃料电池，其极化作用主要来自：①化学极化损失；②产电微生物的新陈代谢损失；③欧姆极化损失；④浓差及传质极化损失。

化学极化损失是由于空气阴极的氧还原反应的势垒所需能量损失，电子从产电微生物传递到阳极表面的能量损失。化学极化在电流密度较低时比较明显。降低化学极化损失的途径有：提高阳极产电微生物的电子传递能力，接种不同的产电微生物，利用其协同作用；提高空气阴极氧还原催化剂的活性，降低催化过电位。

产电微生物的新陈代谢损失主要是在细菌代谢过程中需要驱动能量引起的。例如，在三羧酸循环中，质子透过细胞膜必须要一定的能量驱动。

欧姆极化损失主要是微生物燃料电池的内阻造成的。内阻包括电子流经外电路和电极接触点的阻抗及质子和离子在电解液中的传递阻力。因此，可以通过减小电极之间的间距，选择高导电性的电极材料，保持阴、阳电极与电路的良好接触，增加电解液的浓度和质子传导性等降低空气阴极微生物燃料电池的内阻。

浓差极化是电极表面反应物质不足而限制了电极反应速率造成的。在生物阳极，产生的质子需要从阳极扩散到空气阴极，在阳极和空气阴极之间必然有一个质子的浓度梯度，阳极的质子浓度高而阴极的相对较低。阳极较高的质子浓度使微生物的活性下降。在空气阴极的氧还原反应过程中，如果氧气和质子的传递量不够，也会极大地限制氧还原的反应动力学过程。

微生物燃料电池的最大输出功率也是一个非常重要的评价指标。一般情况下，在测量空气阴极微生物燃料电池的输出功率时会不断改变外电路的负载电阻(R，Ω)，测定负载电阻两端的电压(E，V)，从而根据公式 $P=E^2/R$ 计算其输出功率。不过，这对于描述空气阴极微生物燃料电池的输出功率是不够的，因为不同的微生物燃料电池的结构不同，具有不同大小的阳极、阴极及电池容量。因此，单独比较不同结构空气阴极微生物燃料电池的输出功率没有意义。为了解决这个问题，研究者通过计算得到了微生物燃料电池单位面积或单位体积的输出功率密度，输出功率密度越大，说明微生物燃料电池越有效。

将微生物燃料电池的输出功率除以电极的投影面积，就可以得到单位面积功率密度，电极投影面积可以是阳极的，也可以是阴极的。而对于空气阴极微生物

燃料电池，由于空气阴极是其限制短板，一般选择阴极的投影面积计算面积功率密度比较适合。其面积功率密度为

$$P_{cathode} = \frac{E_{MFC}^2}{A_{cathode} R_{ext}} \tag{11-7}$$

式中，$P_{cathode}$ 为基于空气阴极的面积功率密度；E_{MFC} 为微生物燃料电池负载电阻两端的电压；$A_{cathode}$ 为空气阴极的投影面积；R_{ext} 为负载电阻。

同样，将微生物燃料电池的输出功率除以电池的有效体积，则可以得到体积功率密度：

$$P_{vol} = \frac{E_{MFC}^2}{V_{MFC} R_{ext}} \tag{11-8}$$

式中，P_{vol} 为基于有效体积的体积功率密度；E_{MFC} 为微生物燃料电池负载电阻两端的电压；V_{MFC} 为电池的有效体积，一般按照电解液的体积计算；R_{ext} 为负载电阻。

对于不同的空气阴极微生物燃料电池，有的输出功率密度只能达到几毫瓦特每平方米，有些却可以达到数瓦特每平方米。这是由不同电池的理论电压与电池内阻的比值决定的。假设电池的理论电压为 E_{cell}，而实际上由于电池内阻的作用，这个理论电压不可能达到，电池的实际最大电压是其开路电压 E_{ocv}。可以将空气阴极微生物燃料电池看成有电流通过的两个串联电阻，一个是电池的内阻 R_{int}，另一个是电池的负载电阻 R_{ext}，则基于其开路电压的最大面积功率密度 P_{ocv} 为

$$P_{ocv} = \frac{E_{ocv}^2}{(R_{ext} + R_{int}) A_{cathode}} \tag{11-9}$$

不过，人们更关心的是空气阴极微生物燃料电池的最大输出功率密度，也就是系统最大能够产生多少有用的功率。基于电池实际的最大输出电压 E_{ocv}，预测电池的最大面积输出功率 P_{max} 可以通过式(11-10)计算：

$$P_{max} = \frac{E_{ocv}^2}{(R_{ext} + R_{int}) A_{cathode}} \times \frac{R_{ext}}{R_{ext} + R_{int}} = \frac{E_{ocv}^2 R_{ext}}{(R_{ext} + R_{int})^2 A_{cathode}} \tag{11-10}$$

对于空气阴极微生物燃料电池，其最大开路电压 E_{ocv} 一般变化不大，而影响其 P_{max} 的主要因素是电池的内阻 R_{int}。通过式(11-10)可知，当 $R_{int} = R_{ext}$ 时，面积输出功率密度最大，此时

$$P_{max} = \frac{E_{ocv}^2}{4 R_{int} A_{cathode}} \tag{11-11}$$

由此可知，空气阴极微生物燃料电池的内阻越小，电池的最大面积输出功率

越大。因此，空气阴极微生物燃料电池的研究方向之一是如何减小电池的整体内阻，包括其反应器构造的优化，阳极、电解液及阴极导电性的提升。不过在实际测量空气阴极微生物燃料电池的最大输出功率密度时，其电压为外负载电阻两端的电压，几乎不可能达到电池的开路电压值，因此测定的最大输出功率密度也远远小于上述计算值。

研究者根据不同的研究目的设计了许多不同构型的微生物燃料电池。微生物燃料电池的构型直接影响到电池的内阻、功率密度和库仑效率。在保障微生物燃料电池产生较高的功率密度和库仑效率的同时，还要保证制作微生物燃料电池所需原料的经济性和应用于大型系统时工艺的可行性。主要的微生物燃料电池构型可以分为以下两类。

最初用于微生物燃料电池研究的是双室系统。由于该系统的反应器大多由中间夹有阳离子交换膜的两个带有单臂的玻璃瓶组成，外观上很像字母"H"，因此又被形象地称为 H 型微生物燃料电池，如图 11-2(a)所示。这种微生物燃料电池由阳极室和阴极室构成，中间由分隔材料隔开，既保证了离子的透过性，又保证了阳极电子供体和阴极电子受体在空间上的独立性。由于分隔材料是影响微生物燃料电池产电性能的重要因素，因此这类反应器设计的关键是选择能够允许质子透过的分隔材料。在微生物燃料电池研究中选用的分隔材料多种多样，如质子交换膜 Nafion、Ultrex、盐桥、双极膜、阳离子交换膜和阴离子交换膜。然而在该构型中，中间的膜面积较小导致电池的内阻较大，限制了产电性能的进一步提高。H 型微生物燃料电池的内阻通常为数百欧姆到一千欧姆；而使用盐桥代替隔膜，盐桥较低的离子传导性使得电池的内阻显著提高，导致产电功率明显降低。Oh 和 Logan 的研究表明，分隔膜面积显著影响微生物燃料电池的产电功率，当质子交换膜的面积由 3.5 cm^2 增加到 30.6 cm^2 时，电池输出的功率密度从 45 mW/m^2

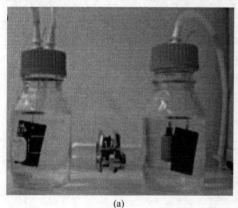

(a)

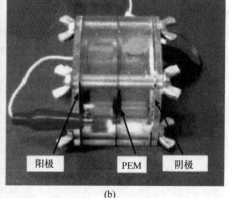

阳极　　　　PEM　　　阴极

(b)

图 11-2　两种双室微生物燃料电池

增加到 190 mW/m², 这是由于质子交换膜面积的增加降低了电池的内阻。因此,研究人员可采用增加离子交换膜面积的方法降低双室微生物燃料电池反应器的内阻,从而达到提高产电功率的目的。由此,双室 H 型微生物燃料电池演变成双室方形微生物燃料电池,如图 11-2(b)所示。

总体来讲,双室微生物燃料电池的产电功率普遍较低,而且阴极室需要连续曝氧或不断补充有毒的电子受体(如铁氰化物、高锰酸钾等),较高的运行成本及可能带来的二次污染限制了双室微生物燃料电池的实际应用和发展。在上述双室微生物燃料电池的基础上,研究人员开发出将阴极直接暴露于空气的空气阴极,所装配的电池称为空气阴极微生物燃料电池。这种电池将阴极室简化为一种片层结构,整个装置只有阳极室存在,因此也将这种电池称为单室微生物燃料电池 (single-chamber microbial fuel cell,SCMFC),如图 11-3 所示。

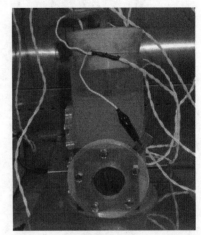

图 11-3　本实验用单室微生物燃料电池结构示意图

三、实验步骤

1. 单室微生物燃料电池的构建

本实验使用两种微生物燃料电池反应器构型,其中体积较小的是目前常用的 28 mL 标准单室方形空气阴极微生物燃料电池。单室方形空气阴极微生物燃料电池的组件如图 11-4 所示,包括:反应器主体腔体、阳极挡板、阴极挡板、硅胶垫、O 型橡胶圈、螺杆、螺母、阴极垫圈、橡胶塞、阳极、空气阴极和钛丝等。图 11-4(a)为单室方形空气阴极微生物燃料电池的照片,图 11-4(b)为反应器结构示意图,图 11-4(c)为反应器组件照片。阳极挡板和阴极挡板的截面尺寸与腔体一致,其中阳极挡板为实心平板,阴极挡板中心为圆形镂空,镂空尺寸与腔体尺寸一致,既可以使阴极固定于微生物燃料电池一侧使阳极室形成一个密闭的空间,又可以使阴极的气相面暴露于空气中。阴极挡板的镂空面积为 7 cm²,因此空气阴极在微生物燃料电池中的有效面积也为 7 cm²。阴极和阳极相互平行放置,阳极处于微生物燃料电池腔体中间的位置,两电极间距为 2 cm。硅胶垫和 O 型橡胶圈起防水作用,钛丝用于固定阳极,也作为引电材料与外电路相连。石墨毡阳极的尺寸为 2 cm × 2 cm × 0.5 cm;阴极尺寸为 7 cm²,整个反应器的有效容积为 28 mL。以钛丝作为导线连接阴极和阳极,用于连接外电路。反应器顶部设有 4 个采样口,用于更换溶液、采样和插入参比电极。参比电极为微型 Ag/AgCl 参比电极。

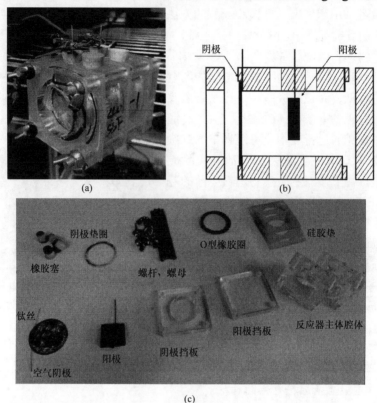

(a)

(b)

阴极   阳极

(c)

阴极垫圈   O型橡胶圈   硅胶垫

橡胶塞   螺杆、螺母

钛丝   反应器主体腔体

阳极挡板

空气阴极   阳极   阴极挡板

图 11-4 单室方形空气阴极微生物燃料电池的照片(a)、反应器结构示意图(b)和反应器组件照片(c)

2. 双室微生物燃料电池的构建和启动

双室微生物燃料电池如图 11-5 所示。阴极室和阳极室的有效容积为 1.0 L, 两室底部连通, 中间通过螺栓将质子交换膜(Nafion 117)固定在中央, 将两室溶液分开。阴极和阳极材料均为石墨毡, 尺寸为 2 cm × 2 cm × 0.5 cm, 负载采用可调电阻箱(ZX21 型), 输出电压由数据采集系统(CT-3008-5V50 mA-S4)采集, 自动记录存储。质子交换膜在使用前保存在去离子水中。电极在使用前用 1 mol/L HCl 浸泡去除杂质离子, 使用后再用 1 mol/L NaOH 浸泡去除其表面吸附的细菌。

微生物燃料电池包括两种运行方式:连续和批次运行方式。启动时一般采用本实验室已运行 1 年以上的双室微生物燃料电池阳极流出液作为产电菌来源(接种量为 15%～20%, 体积分数)。向阳极室中通 5 min 氩气保证厌氧环境, 然后加橡胶塞封口[双室时:阴极室内为 pH=7 的磷酸缓冲液,1 L 磷酸缓冲液中

(a)　　　　　　　　　　　　　　(b)

图 11-5　本实验所用双室微生物燃料电池

含有 $Na_2HPO_4 \cdot 12H_2O$ 23.0856 g，$NaH_2PO_4 \cdot 2H_2O$ 5.5444 g，$K_3Fe(CN)_6$ 32.93 g]。将微生物燃料电池放入培养箱(LRH-800-2 型生化培养箱)中。在黑暗状态，温度恒定在 35℃条件下启动(连续运行时：启动时微生物燃料电池阳极室通过蠕动泵连续补充培养液，1 L 培养液中含有 NH_4HCO_3 3770 mg，Na_2CO_3 2000 mg，K_2HPO_4 125 mg，$MgCl_2 \cdot 6H_2O$ 100 mg，$CuSO_4 \cdot 5H_2O$ 5 mg，$MnSO_4 \cdot 4H_2O$ 15 mg，$FeSO_4 \cdot 7H_2O$ 25 mg，$CoCl_2 \cdot 6H_2O$ 0.125 mg)。利用图 11-4 所示的双室微生物燃料电池装置，采用批次运行的方式启动双室微生物燃料电池，启动时测定阳极溶液初始 OD_{660}(溶液在 660 nm 波长处的吸光值)、pH。

3. 双室微生物燃料电池的电压测量

在连有外电阻(一般为 1000 Ω)的情况下，外电阻两端电压的大小表征了微生物燃料电池产电性能的高低。环境温度显著影响产电微生物的活性，因此本实验使用恒温培养箱保证微生物燃料电池在恒定的温度(35℃)下运行。图 11-6 为本实验中

图 11-6　数据采集系统

使用的数据采集系统照片。数据采集系统由连接在计算机上的数据采集器(CT-3008-5V50 mA-S4)和相应的数据采集软件组成。电流密度(I)由欧姆定律 $I = E/R_eA$ 计算,其中,E 为外电阻上的电压;R_e 为外电阻阻值;A 为电极面积。

四、实验结果与讨论

绘制电压-时间变化曲线。

五、注意事项

(1) 实验中的质子交换膜在使用前要进行预处理等。
(2) 用炭纸作电极时,要注意保护好炭纸,以免破损。
(3) 阳极菌液接种过程中要保持厌氧状态。

六、思考题

(1) 影响产电性能的主要因素有哪些?
(2) 什么样的材料可以作电极材料?
(3) 微生物燃料电池有哪些应用领域?
(4) 谈谈你对微生物燃料电池的认识和想法。

(二) 单室微生物燃料电池阴极氧还原催化材料的性能表征

一、实验目的

(1) 通过循环伏安(CV)曲线的测定,判断阴极氧还原催化活性。
(2) 通过线性扫描伏安(LSV)曲线的测定,掌握起始电位、半波电位的计算方法。

二、实验原理

循环伏安法(cyclic voltammetry, CV)是一种常用的电化学研究方法。该法控制电极电位以不同的速率,随时间以三角波形一次或多次反复扫描,在电位范围内使电极上能交替发生不同的还原和氧化反应,并记录电流-电位曲线。根据曲线形状可以判断电极反应的可逆程度,中间体、相界吸附或新相形成的可能性,以及偶联化学反应的性质等。该法常用来测量电极反应参数,判断其控制步骤和反应机理,并观察整个电位扫描范围内可发生的反应及其性质。对于一个新的电化学体系,首选的研究方法往往就是循环伏安法,可称之为"电化学的谱图"。该法除了使用汞电极外,还可以用铂、金、玻璃碳、碳纤维微电极及化学修饰电极等。

循环伏安和线性扫描伏安(linear sweep voltammetry，LSV)技术是表征材料氧还原电催化性能和研究深层次电催化机理的重要手段。CV 和 LSV 均在旋转圆盘电极上测定，分别以催化剂修饰的玻碳电极为工作电极，铂丝电极为对电极，Ag/AgCl(饱和 KCl，197 mV)为参比电极。

三、实验步骤

为了测定阴极的电化学催化性能，采用 LSV 和 CV 测定给定电位下电池的起始电位及响应电流。起始电位越正，响应电流越大，表明电极的电化学催化性能越佳。利用电化学工作站(CHI 604E)构建三电极体系，即工作电极(待测阴极，为滴涂催化剂的玻碳电极)、参比电极(饱和 Ag/AgCl 电极)与对电极(Pt 电极)，测试电解液为 0.1 mol/L KOH 溶液。

1. 工作电极的修饰

为了表征催化材料的催化性能，必须将材料先修饰到工作电极(一般为玻碳电极)表面。以 Pt/C 催化剂为例，催化剂修饰玻碳电极通过滴涂法制备：

(1) 催化剂分散液：取 4 mg 元素掺杂碳基材料分散于 0.5 mL 水/乙醇混合溶液(体积比 3∶1)中，然后加入 50 μL Nafion(5%，质量分数)，再超声分散 30 min 以获得催化剂分散液。

(2) 取上述催化剂分散液 5 μL 滴涂到事先充分打磨好的玻碳电极(直径 3 mm)表面，晾干 24 h，备用。

2. 材料的活化与 CV 测试

电化学测试之前，需通过 CV 充分活化催化剂材料，以去除吸附氧及不稳定物质对材料氧还原性能的影响。将处理好的电极插入装有 KOH(0.1 mol/L)溶液的三电极电解池中。进行参数设定，扫描速率为 10 mV/s，起始电位为 0.2 V；终止电位为-0.8 V。采用 CV 活化时，在电解液中持续通入氧气，开始 CV 扫描，至少扫描 10 个循环，活化标准为电极表面没有气泡且连续两次 CV 谱的起始电位和氧还原峰位置变化不大。活化完毕后，连续通氧气 5min 以上，按照上述参数设置，测试段数 4，测试 CV 曲线并保存。

注：在 CV 活化阶段，氧气需要持续通入电解液；而在活化以后的测试中，开始测试时氧气管路需要提出电解液，并稍微高于电解液，切记不能提出电解池(思考：为什么这么做？保持溶液中氧气饱和状态)。

上述测完之后，通入氮气 5 min，再次测试 CV 曲线。开始测试时氮气管路需要提出电解液，并稍微高于电解液，切记不能提出电解池。将测试 CV 曲线保存，与上述通入氧气的 CV 曲线进行对比。

3. LSV 测试

LSV 测试前，在电解液中通入氧气 5 min，并让工作电极分别在 2500 r/min、2000 r/min、1600 r/min、1200 r/min、900 r/min 及 500 r/min 转速下测试。LSV 测试电位窗口为 0.4～−0.8 V，扫描速率为 10 mV/s。将不同转速下测得的 LSV 曲线参数通过 Koutecky-Levich 方程[式(11-12)]拟合，可以得到氧还原催化反应过程中的电子传递数，从而揭示电催化路径。

$$1/j = 1/j_K + 1/j_L = 1/j_K + 1/B\omega^{1/2} \tag{11-12}$$

其中

$$B = 0.62nFc_0\left(D_0\right)^{2/3}v^{-1/6}$$

式中，j 为所测得的电流密度；j_K 和 j_L 分别为动力学电流密度和极限扩散电流密度；ω 为旋转圆盘电极的角速度($\omega=2\pi N$，其中 N 为旋转线速度)；B 为 Koutecky-Levich 方程斜率的倒数；n 为氧还原反应过程中的电子传递数；F 为法拉第常量，96 485 C/mol；c_0 为电解液中氧气的浓度，1.2×10^{-3} mol/L；v 为电解液的动力学黏度，0.01 cm²/s，在 0.1 mol/L PBS 中；D_0 为氧气在 PBS 中的扩散系数，1.9×10^{-5} cm²/s。

4. 电化学活性面积

电化学活性面积通过 CV 测试并利用 Matsuda 方程[式(11-13)]计算获得。测试采用上述相同的三电极体系，电解液为 5 mmol/L 亚铁氰化钾和 0.2 mol/L 硫酸钠混合溶液。电位窗口为 0.6～0 V，扫描速率为 10～50 mV/s 均可。

$$i_p = 0.4464\times10^{-3} n^{3/2} F^{3/2} A(RT)^{-1/2} D_R^{1/2} c_R^* v^{1/2} \tag{11-13}$$

式中，i_p 为峰电流，A；$n=1$，为电子传递数；F 为法拉第常量；R 为摩尔气体常量，8.314 J/(mol·K)；T 为测试温度，308 K；c_R^* 为亚铁氰化钾浓度，0.005 mol/L；v 为扫描速率，50 mV/s；D_R 为亚铁氰化钾在该溶液中的扩散系数。

5. 毒性实验

为了研究所得材料的稳定性与甲醇耐受性，采用计时电流法测试。该测试在旋转圆盘电极(RDE，ATA-1B)上进行，采用与前面 CV 测试相同的三电极体系和电解液。设置起始电位为 0.2 V，扫描时间为 500 s，静置时间为 10 s，测定方式为旋转圆盘在 1600 r/min 下测试。测试前在电解液中先通入氧气 5 min，测试时电解液中仍持续通入氧气，且保持氧气通入量稳定。测试开始后 100～200 s 时，向电解液中快速加入 2 mL 甲醇，持续进行测试直到结束。

四、补充材料

1. 产电微生物电子传递机理

要保证 MFC 产电的顺利进行，首先要保证有机质经微生物氧化所产生的电子能够顺利地传递到阳极。早在 1911 年，英国植物学家 Potter 就把酵母或大肠杆菌放入含有葡萄糖的培养基中进行厌氧培养，其产物能在铂电极上显示 0.3～0.5 V 的开路电压和 0.2 mA 的电流。Lovley 等于 1987 年报道了其课题组分离得到的一株被命名为 GS-15 的 *Geobacter metallireducen* 菌，这是首次被发现具有固体三价铁还原特性的微生物，为后续的产电菌分离奠定了基础。随后这一课题组将这株菌作为模式生物，研究其还原铁、锰离子过程中的能量代谢，其维生素和微量元素配方成为此后研究 MFC 的经典配方。

最初的 MFC 产电量过低，研究者通过添加电子中介体提高了电子传递效率。然而，电子中介体的引入不仅增加了 MFC 的成本，还会造成环境的二次污染，限制了 MFC 的大规模应用。2002 年，韩国科学家 Kim 等发现，在 MFC 中以金属还原菌 *Shewanella putrefaciens* 为产电菌，可以在不添加电子中介体的情况下产生足够大的电流；他们认为是细菌色素主导了从细菌细胞到阳极的电子传递。随后两个研究小组又发现产电菌可以通过纳米导线直接将电子传递到阳极。紧接着另两个研究小组又发现 *Shewanella* 所分泌的黄素类物质有助于细胞外电子传递。到目前为止，研究者已分离鉴定出几十株电化学活性细菌。将这些从不同系统中分离的电化学活性细菌进行分类学统计，可以发现目前已分离的电化学活性细菌主要来自 *Proteobacteria*、*Firmicutes*、*Acidobacteria*、*Bacteroidetes* 等门。目前被普遍认同的电子胞外传导机理有三种，即电子中介体介导的电子传递、细胞膜相关的直接接触电子传递和菌毛状的纳米导线辅助的电子传递。

1) 电子中介体介导的电子传递

早期的研究表明，尽管电池中的微生物可以将电子直接传递至电极，但电子传递效率很低。多数微生物需要电子中介体的辅助实现微生物细胞与电极之间的电子传递。这是由于大部分微生物细胞的氧化还原活性中心存在于细胞膜中，但是细胞膜含有肽键或类聚糖等非导电物质，导致其与电极之间的直接电子传递很困难，因此早期的 MFC 大多需要添加电子中介体促进电子传递。电子中介体应具备如下条件：①容易通过细胞壁；②容易从细胞膜上的电子受体获取电子；③电极反应快；④溶解度、稳定性高；⑤对微生物无毒；⑥不能被微生物代谢。一些有机物和金属有机物可以用作 MFC 的电子中介体，其中较为典型的是亚甲基蓝、AQDS(蒽醌-2,6-二磺酸盐)、硫堇、Fe(Ⅲ)EDTA 和中性红等。

以上所提到的都是人工添加的电子中介体，近年来发现微生物自身也可以分泌初级和次级代谢产物，这些代谢产物可以作为自身及其他种类微生物的电子中介体。Rabaey 等分离得到一株能够产生电子中介体的微生物 *Pseudomonas aeruginosa* KRP1。研究发现，这株细菌通过绿脓菌素(pyocyanin)和吩嗪-1-酰胺 (phenazine-1-carboxamide)向 MFC 阳极进行电子传递。近期的研究发现，一系列 *Shewanella* 菌株可以分泌黄素单核苷酸和核黄素，并且可以作为胞外电子中介体 传递电子。几乎在同一时间，Marsili 等也发现 *Shewanella oneidensis* MR-1 可以分 泌核黄素作为电子中介体进行胞外电子传递。

　　2) 细胞膜相关的直接接触电子传递

　　直接电子传递需要微生物拥有能够将电子从细胞内部转移到外部的中间体， 通常是通过细胞膜表面的细胞色素完成，并且这类产电微生物的细胞膜只有与电 极的表面直接接触才能将氧化分解有机物产生的电子传递到电极上。因此，一般 认为只有与阳极紧密接触的一层细菌才具有电化学活性，也就是说这一层细菌的 最大细胞密度决定了 MFC 的产电性能。细胞膜相关的电子转移过程，也就是氧 化过程，是通过参与呼吸链电子传递的化合物完成的，这些化合物(如细胞色素 c 和芽孢外衣蛋白 Cot A 漆酶)可以自由往返于胞内和细胞膜表面，当菌体与电极接 触时它们就可以向电极传递电子。

　　1999 年，Kim 研究小组首次发现 *Shewanella putrefaciens* 可以在不加外源性 电子中介体情况下实现高效产电。Lower 等发现厌氧生长的 *Shewanella oneidensis* 可以在赤铁矿表面紧密附着，这种强的附着力可以使细胞膜和铁靠得更近，实现 电子的直接传递。2002 年，Bond 等在沉积物 MFC 中发现闭路连接的反应器经过 一段时间的产电驯化，阳极上所富集的细菌中有 70%属于 δ 变形菌门，验证发现 *Geobacter metallireducens* 和 *Desulfuromonas acetoxidans* 均可以在 MFC 中产电。 目前研究较多的能直接接触电子传递的几种微生物为希瓦菌属(*Shewa nella*)、地 杆菌属(*Geobacter*)和红育菌属(*Rhodoferax*)等很少一部分微生物。

　　3) 菌毛状的纳米导线辅助的电子传递

　　2005 年，Reguera 等在 *Nature* 报道称 *Geobacter metallireducens* 能够附着在阳极 表面,他们利用传导探针-原子力显微镜证实了 *Geobacter metallireducens* 的周生伞毛 具有良好的导电能力。这种菌产生的伞毛与三价铁氧化物直接接触，可以将三价铁 还原成二价铁，而不能产生伞毛的突变菌株不具有还原三价铁的能力。随后， Gorby 等发现除 *Geobacter metallireducens* 外，*Shewanella oneidensis* MR-1 也能 生成具有电传导特性的类伞毛附属物。最近，马萨诸塞大学的 Lovley 和 Malvankar 合作利用静电驱动显微镜(EFM)证明 *Geobacter* 能够产生细的电流导线，电荷确实 会沿着这些纳米导线蔓延，正如电子能在高导电性的碳纳米管中流动一样。

　　目前的观点认为纳米导线传递电子的方式主要分为两种：图 11-7(a)为 *Shewanella oneidensis* 菌的电子传递模型;图 11-7(b)为 *Geobacter sulfurreducens* 菌的电子传递模型。

　　研究观点认为，*Shewanella oneidensis* 产生的电子沿着纳米导线是以一种跳跃的方式在镶嵌于菌丝上的细胞色素间进行传递，其电荷从一个细胞色素跃迁到另一个细胞色素；*Geobacter sulfurreducens* 的纳米导线由菌毛构成，其导电行为是由于芳香型氨基酸的 pi-pi 轨道重叠而类似于金属导体的导电特性，离域化的电荷沿整个菌丝进行传递。进一步研究发现，

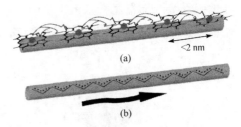

图 11-7　两种纳米导线电子传递模型

希瓦菌属(*Shewanella*)不仅可以利用细胞膜表面的细胞色素进行直接接触电子传递，还可产生具有导电作用的纳米线，而其中 *Shewanella oneidensis* 还可以分泌黄素类有机物充当电子传递中介体，因此可得知 *Shewanella* 同时具有多种电子传递方式。

2. 空气阴极的制备

1) 目的

(1) 了解空气阴极的组成。

(2) 掌握空气阴极的制备方法。

2) 原理

对 MFC 技术进行工程放大，尤其是将这项技术应用到实际废水处理中，降低反应器的制作成本至关重要。而目前制作阴极所需的费用占整个 MFC 反应器成本的很大一部分。因此，开发廉价高效的阴极材料是推动 MFC 技术发展无法绕开的话题。

在最初开发的单室 MFC 中，空气阴极是由 PEM 直接热压到炭布上制成的。去除 PEM 后虽然能提高产电功率，却面临两大问题：一是 PEM 的去除会增加 O_2 进入阳极室的量，降低了电池的库仑效率。研究证明，有 PEM 时的 MFC 库仑效率达到 40%～55%，而去除 PEM 后的库仑效率仅为 9%～12%。二是由于空气阴极表面存在蒸发损失，经过一段时间的运行后，阳极室中的阳极液会逐渐减少，影响 MFC 运行的稳定性。另外，MFC 的产电功率相对较低，少量的 O_2 透过空气阴极到达催化层即可满足 MFC 的产电需要，因此减少空气阴极的 O_2 透过量不会对 MFC 的输出功率产生不利影响。

为了减少阳极室中阳极液的流失，提高 MFC 库仑效率，同时又不影响电池的产电功率，可以在空气阴极上涂防水层。这种防水层需要用疏水材料制备，既要允许 O_2 透过空气阴极到达催化位点，又要防止大量 O_2 进入阳极液并尽量降低阳极液的蒸发损失。Cheng 等采用手工涂布的方法，利用疏水材料聚四氟乙烯(PTFE)制作空气阴极扩散层(diffusion layers)，又通过改变扩散层的层数优化阴极的产电性能，结果发现涂有 4 层扩散层的空气阴极不仅能有效控制水的流失，而且使 MFC 的产电功率达到最高。此后，这种方法成为空气阴极制作的标准方法，

其制成的空气阴极结构示意图如图 11-8 所示。一个典型的空气阴极由支撑层(集流体)、碳基层、扩散层和催化层组成。

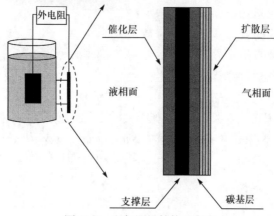

图 11-8　空气阴极结构示意图

3) 材料

本实验中所用的主要材料为：炭布(HCP331N)、PTFE(30%)、Nafion(5%)、炭黑(F24X016)、铂碳(JM 20%)。

4) 实验步骤

制作 PTFE 空气阴极的具体操作步骤如图 11-9 所示。

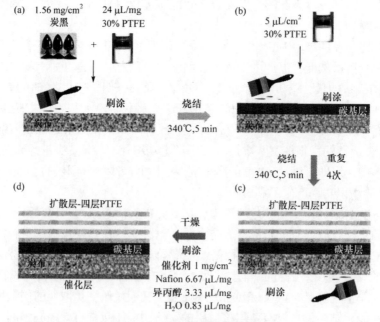

图 11-9　空气阴极制备流程图

(1) 涂碳基层:将炭布裁剪成适当大小,按 1.56 mg 炭黑/cm² 的比例称取炭黑,以 24 μL 30% PTFE /mg 炭黑量取 PTFE 溶液;将两者混合均匀,均匀涂抹在炭布的空气相面,340℃热处理 5 min 后冷却至室温。

(2) 涂扩散层: 在上述碳基层上以 5 μL 30% PTFE /cm² 的配比均匀涂抹 PTFE 溶液,340℃热处理 5 min 后冷却至室温。重复上述操作步骤 4 次,得到四层 PTFE 扩散层的空气阴极。

(3) 涂催化层:根据空气阴极最终暴露于外界空气的面积,以 0.2~0.5 mg Pt/cm² 的配比称取 20%铂碳,放入 10 mL 离心管内,按照 1 mg 铂碳/cm² 依次加入 0.83 μL 去离子水、6.67 μL 5% Nafion、3.33 μL 异丙醇的比例配制混合液,振荡器振荡 1 min,超声 10 min。用画笔刷涂该催化层于炭布基底的另一侧(面对水的一侧)上,注意用力要重,均匀涂布,空气干燥 24 h 后即可得到空气阴极。

五、实验结果与讨论

(1) 绘制氧气和氮气下的 CV 曲线,通过对比找到 CV 的氧化还原电流峰。

(2) 绘制不同转速下的 LSV 曲线, 在 LSV 曲线上找出起始电位和半波电位,并思考不同转速下响应电流为什么不同。

(3) 绘制实验步骤 3. 和 5. 中在 1600 r/min 下的 LSV 曲线并进行对比,判断催化剂的甲醇耐受性。

六、注意事项

(1) 实验中使用的阴极材料一定要称量准确。
(2) 实验中使用的阴极材料一定要涂均匀。

七、思考题

(1) 为什么要在持续通入饱和氧气、饱和氮气的氛围下进行 CV 扫描?
(2) 旋转圆盘的转速对 LSV 测试结果有无影响?
(3) 影响阴极产电效率的因素主要有哪些?
(4) 什么样的材料适宜作阴极材料?阴极材料的选择需要考虑哪些因素?

八、参考文献

曹春. 2018. 空气阴极微生物燃料电池氧还原催化材料研究[博士论文]. 北京: 中国科学院化学研究所.

何为, 唐先忠, 王守绪, 等. 2005. 线性扫描伏安法与循环伏安法实验技术. 实验科学与技术, 3(z1): 134-136.

连静, 冯雅丽, 李浩然, 等. 2006. 微生物燃料电池的研究进展. 过程工程学报, (02): 334-338.

王纲. 2017. 微生物燃料电池阳极电子传递与阴极氧还原催化材料的研究[博士论文]. 北京: 中

国科学院化学研究所.

温青, 刘智敏, 陈野, 等. 2008. 空气阴极生物燃料电池电化学性能. 物理化学学报, 24(06): 1063-1067.

于雪云. 2012. 简述循环伏安法实验技术的应用. 德州学院学报, 28(S1): 204-205.

张双双. 2017. 非铂类高效氧还原催化剂设计及性能研究[博士论文]. 北京: 中国科学院过程工程研究所.

张霞, 肖莹, 周巧红, 等. 2017. 微生物燃料电池中产电微生物的研究进展. 生物技术通报, 33(10): 64-73.

Kim B H, Kim H J, Hyun M S, et al. 1999. Direct electrode reaction of Fe(III)-reducing bacterium, Shewanella putrefaciens. J Microbiol Biotechnol, 9(2): 127-131.

Logan B E. 2009. 微生物燃料电池. 冯玉杰, 王鑫, 等译. 北京: 化学工业出版社.

Malvankar N S, Tuominen M T, Lovley D R. 2012. Biofilm conductivity is a decisive variable for high-current-density Geobacter sulfurreducens microbial fuel cells. Energ Environ Sci, 5(2): 5790-5797.

Potter M C. 1911. Electrical effects accompanying the decomposition of organic compounds. Proc R Soc London, Ser B, 84(571): 260-276.

Rabaey K, Angenent L, Schröder U, et al. 2012. 生物电化学系统: 从胞外电子传递到生物技术应用. 王爱杰, 任南琪, 陶虎春, 等译. 北京: 科学出版社.

(沈建权　韦丽玲)

实验 12　超低场磁成像探针的制备及磁性能测试

一、实验意义和目的

　　分子和细胞的成像是生物医学新兴领域。成像技术中，能够探测动物和人体内细胞的磁共振成像显得尤为重要。而超低场磁成像技术成为磁共振成像研究领域中最新的发展方向和挑战。与常规的磁共振成像相比，超低场磁成像技术所需的磁场环境可降至毫特级，摆脱了强场磁成像在成本、空间、安全等诸多方面的限制，具有非常广阔的应用前景。其中，超低场磁力仪和磁成像探针是实现超低场分子和细胞检测的关键。

　　本实验采用超低场光学原子磁力仪检测纳米磁探针的超低场性能，要求学生了解超低场技术最基本的研究方法和磁成像原理，掌握磁性纳米粒子的基本制备方法，学习超低场测试技术。

二、实验原理

1. 光学原子磁力仪测量原理

　　光学原子磁力仪是完全利用光学方法，通过测量所含电子自旋被极化的原子在磁场中的进动来检测弱磁场信号。基本原理是：先由激光器产生一定频率的偏振激光束照射于气态碱金属原子上，使原子能够跃迁到高能级从而产生极化，同时待测外磁场能够使原子的极化状态发生变化，使原子的磁矩绕着外磁场的方向进动；当用另一束取样激光穿过极化气态原子时，根据磁光旋转效应(图 12-1)，激光的偏振角会发生转动，且转动的偏振角度与磁场的大小成比例。其中极化激光和取样激光可以是同一束激光。

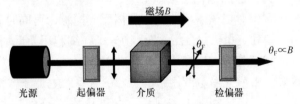

图 12-1　磁光旋转效应

　　光学原子磁力仪的极限灵敏度为

$$\delta B \approx \frac{1}{g \mu_B} \frac{\hbar}{\sqrt{N \tau T}} \tag{12-1}$$

式中，g 为基态朗德因子；μ_B 为玻尔磁子；$\hbar$ 为普朗克常量；N 为传感器内碱金属原子数；τ 为自旋弛豫时间；T 为测量时间。由式(12-1)可知，要提高测量的灵敏度，应让 N、τ 和 T 尽可能大，如升高温度增加原子密度；在传感器中加入缓冲气体或特殊涂层避免原子自旋弛豫；延长测量时间。

2. 磁性纳米粒子的合成原理

由于磁性纳米粒子具有优异的性质，近年来科学家致力于合成单分散的、磁性能优良的磁性纳米粒子，产生了物理合成、化学合成、微生物合成等众多合成方法。其中，高温热解法是近十几年迅速发展起来的。它的原理是在一种高温溶剂中加热分解金属有机前驱体，可以用乙酰丙酮铁作为铁源，用十八烯作为溶剂，以油酸和油胺为表面活性剂反应，通过改变反应时间和溶剂的量，得到一系列四氧化三铁磁性纳米粒子。高温热解法的优点是制备的磁性纳米粒子结晶度高、尺寸比较一致。同时它也有一些缺点，一是需要高温，耗能大；二是所用溶剂一般较昂贵，成本比一般的方法高。

3. 超低场磁探针的检测原理

利用高灵敏度的光学原子磁力仪，通过扫描磁成像方法，可以对作为超低场磁探针的磁性纳米粒子产生的剩磁信号进行定量和定位的检测。基本原理是将磁探针看成磁偶极，通过磁探针的线性扫描得到磁颗粒物的磁场分布曲线，然后根据磁偶极的磁场强度分布公式[式(12-2)]推演得到扫描模式方程[式(12-3)]：

$$B_{(m,r)} = \frac{\mu_0}{4\pi r^3}[3r(m\cdot r)-m] \tag{12-2}$$

$$B_{(x_0,d,M)} = B_0 + \frac{\mu_0 M}{4\pi[(x-x_0)^2+d^2]^{3/2}}\left[3\frac{d^2}{(x-x_0)^2+d^2}-1\right] \tag{12-3}$$

式中，m 为磁偶极矩；μ_0 为真空磁导率；r 为位置矢量；B_0 为磁场强度的背景基线；x 为磁场曲线的 x 轴扫描位点；x_0 为样品在 x 轴上的位置；d 为样品到原子气池的 d 轴距离；M 为样品的磁化强度。

利用扫描模式方程对扫描磁场曲线的数据反演模拟，可同时获得磁颗粒物样品的空间信息(x_0, d)和定量信息(M)。当生物分子和细胞用超低场磁探针标记后，可进一步开展分子和细胞的磁成像研究。

光学原子磁力仪由激光稳定调制系统、磁屏蔽系统、原子气池传感器、偏振检测系统等组成，仪器结构如图 12-2 所示。仪器选用直径为 5 mm、内部有石蜡涂层的方形 Cs 原子气池，安装在 37℃加热室中。为消除环境磁噪声和地磁场，将加热室置于坡莫合金制成的五层磁屏蔽筒中，并采用亥姆霍兹线圈在原子气池区域产生 50 nT 的主磁场 B_b。采用波长为 894.6 nm 的外腔半导体激光器作为极化和取样激光，利用二向色性原子蒸气激光频率锁定(DAVLL)技术将激光频率锁定在 Cs 原子 D1 线的共振线附近，经中性滤镜和偏振片后穿透 Cs 原子气池，经偏振棱镜后由光探测器检测激光旋转的偏振角度，信号送入锁相放大器和计算机分析处理。

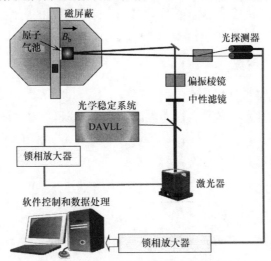

图 12-2　光学原子磁力仪结构示意图

三、实验仪器和材料

实验仪器：光学原子磁力仪、三口烧瓶、冷凝管、双排管、离心管、导气管、热电偶、恒温磁力搅拌器、离心机、电子天平、真空泵、氮气钢瓶、移液枪。

实验材料：乙酰丙酮铁、油酸、二苄醚、乙醇、氯仿。

四、实验步骤

1. 探针的合成

(1) 取 2 mmol 乙酰丙酮铁、4 mmol 油酸和 20 mL 二苄醚加入 150 mL 三口烧瓶中，三口烧瓶上分别连接冷凝管、热电偶和导气管，其中导气管连接双排管，双排管的一端连接真空泵，另一端连接氮气钢瓶。

(2) 磁力搅拌(1600 r/min)混合均匀后，80℃下抽真空 30 min，再充入氮气，升温到 300℃，保持 30 min 回流后移除热源，冷却到室温。

(3) 加入大量乙醇，6000 r/min 离心分离 10 min，取沉淀，再用 10 mL 氯仿超声分散，立即用移液枪取 2～10 μL 制样准备后续测量。

2. 仪器的信号优化

(1) 开机：提前 1～2 h 打开激光器，旋转电源启动钥匙。

　　(2) 软件调试：打开计算机软件界面，点击运行；调节激光控制电压，寻找最佳峰位；点击界面上"Sweep"，扫描调制频率，寻找最佳共振频率；确认激光电压峰位，点击界面上"Lock"，出现方波信号，计算信噪比。

　　(3) 光路优化：用红外观察仪优化光路，采用不同的中性密度滤光片调节激光光强，旋转偏振棱镜角度调节激光偏振方向，改变条件寻找最佳信噪比。

　　3. 探针的性能测试

　　(1) 将制备的磁探针样品置于扫描平台上。

　　(2) 设置扫描速率和位点，点击界面上"Autoback"和"Lock"，出现样品扫描信号；扫描结束后，点击界面上"Stop"和"Save"，保存和处理数据。

　　(3) 实验结束后，关闭界面，关机。

五、实验结果与讨论

　　1. 磁场灵敏度的计算

　　实验采用 1000 pT 的方波磁场信号对比仪器调试的最低噪声，计算信噪比(SNR)，从而获取磁场检测的灵敏度(表 12-1)。

表 12-1　方波磁场校准的磁场灵敏度

序号	1	2	3	4	5
最低噪声/pT					
平均噪声/pT		SNR=1000/平均噪声			

　　2. 激光光强、偏振对磁场灵敏度的影响

　　实验调试过程中，激光光强和偏振影响原子的极化状态和光学检测的噪声。分别调节滤光片和偏振棱镜，可以使信号增强，噪声减弱，从而达到仪器最佳的灵敏度状态(表 12-2 和表 12-3)。

表 12-2　激光光强对磁场灵敏度的影响

序号	1	2	3
滤光片/光学密度			
噪声/pT			
SNR			

表 12-3　激光偏振对磁场灵敏度的影响

序号	1	2	3
偏振棱镜/(°)			
噪声/pT			
SNR			

3. 超低场磁探针的检测限

准备不同质量的磁探针，测量其超低场磁信号，获得磁探针磁信号随质量的变化曲线。通过线性拟合，掌握合成的超低场磁探针的性能及其检测限(表 12-4)。

表 12-4　超低场磁探针的剩磁信号

序号	1	2	3	4	5
质量 m/g					
磁信号 B/pT					
线性拟合 $B = km + b$	$k=$	$b=$	检测限/g		

六、注意事项

(1) 在测量过程中，所有光学和磁学仪器都不能稍有碰动，测量控制系统参数不能随意改变，否则所有测量数据都无效。

(2) 在仪器调试过程中，必须了解仪器性能与使用方法后才能操作；光学元器件要轻拿轻放，勿冲击、碰撞，特别注意不能从手中滑落，切忌用手指触摸元器件"工作面"；调整光路时要耐心细致，边调整边观察，不要粗鲁、盲目操作；不使用时及时将元器件放回原处。

(3) 在磁探针合成过程中，严格遵守实验室安全管理制度，严格按照实验流程操作；身体各部位均不要触及高温表面等部件。

七、思考题

(1) 光学原子磁力仪灵敏度的影响因素有哪些？

(2) 如何通过光学原子磁力仪的磁场探测获得磁探针的定量信息？

(3) 纳米磁性粒子合成过程中各个成分发挥什么作用？

八、参考文献

Budker D, Romalis M. 2007. Optical magnetometry. Nal Phys, 3: 227.

Sun S, Zeng H, Robinson D B, et al. 2004. Monodisperse MFe_2O_4 (M = Fe, Co, Mn) nanoparticles. J Am Chem Soc, 126: 273-279.

Yao L, Xu S. 2009. Long-range, high-resolution magnetic imaging of nanoparticles. Angew Chem, 121: 5789-5792.

(姚　立)

实验 13　理论与计算化学基础和计算实验

一、实验意义和目的

理论、计算和实验是现代科学研究的三大支柱。理论和计算在自然科学的各个研究领域起着越来越重要的作用。在化学领域，理论和计算不仅可以对实验进行解释，而且某些情况下，计算比实验有显著优势(成本、时间、人力)，如极高温度、极高压力的情况。理论计算能够指导实验，如药物的高通量筛选、新材料设计、催化剂设计等。理论与计算化学是数学、物理、化学、计算机、生物和材料等学科的交叉，其研究内容涵盖了化学、物理(如凝聚态物理、原子与分子物理)、生物和材料等诸多领域。

本实验的目的：对国内外理论与计算化学研究的前沿和趋势有一定的总体认识，激发研究兴趣，并掌握一定的上机操作技能。通过理论与计算化学前沿简介，并结合具体的系统模拟实例，初步认识理论与计算化学的研究方法和计算过程，认识理论与计算化学的重要性。

二、实验原理

本实验所涉及的内容包括：理论与计算化学(电子结构-量子化学、化学动力学、分子动力学模拟)前沿简介；计算化学软件(量子化学、分子动力学模拟)和高性能计算系统简介与上机操作；结合具体前沿化学问题研究的上机实践。

1. 量子化学(电子结构计算)原理简介

微观的原子、分子系统由原子核和电子组成，描述其运动规律的理论是量子力学。为了认识原子分子的结构和性质，需要数值求解薛定谔方程。在玻恩-奥本海默近似、非相对论近似下，首先需要求解在特定分子构型下关于电子运动的非含时薛定谔方程。使用原子轨道线性组合为分子轨道变分迭代能量最小可得哈特里-福克(Hartree-Fock)方程(简称 HF 方程)。由于没有任何人为参数，故称为从头计算法。在 HF 方程的基础上，采用多组态方法(多个行列式)得到电子相关能，方法精确但计算量很大。对于较大的分子体系，现在主流的计算方法是密度泛函理论，从分子轨道得到电子密度进行变分迭代，方法较精确且计算量小。

通过量子化学计算，可得到的分子体系的基本性质有基态和激发态能量、分子的几何结构、振动频率、偶极矩、红外光谱和拉曼光谱、紫外-可见光谱等。根据以上理论,国际上已经编写出很多量子化学程序,其中使用最广泛的是 Gaussian 软件包。Gaussian 软件包的界面和操作简单, 便于初学者学习, 属于商业化程序, 除开发者一般用户不能购买源代码。GAMESS 是较为流行的开源量子化学计算程 序包。还有很多其他量子化学程序, 如 QChem 等。本实验使用 Gaussian 软件包 进行计算,使用 Gaussview 软件准备输入文件和查看 Gaussian 软件包的计算结果。

2. 分子动力学模拟

分子动力学模拟是利用计算机研究复杂分子体系的重要工具。分子的运动遵 循量子力学方程, 但含时薛定谔方程计算量很大, 只适用于很小的体系。在很多 情况下, 经典力学的牛顿方程可以作为量子力学方程一个有效的近似。在分子动 力学模拟过程中, 以原子为质点, 在给定体系的结构和力场参数的条件下, 通过 数值求解牛顿方程, 得到每一时刻体系的速度及坐标信息。结合统计力学理论, 体系的物理性质, 如热力学性质、输运性质等, 都可通过分子动力学模拟方法得 到。其实现主要包括以下内容:①分子模型的建立;②选择合适的力场参数; ③数值求解牛顿方程;④周期性边界条件的处理;⑤正确描述热力学条件, 如温 度、压力等;⑥通过统计力学公式得到各种常见的热力学性质。

目前有许多软件可以实现分子动力学模拟。本实验使用 GROMACS (Groningen machine for chemical simulations)软件。这是一款免费、开源的分子模拟软件, 由格 罗宁根大学生物化学系开发、界面友好、计算效率高, 是生物和材料体系模拟中常 用的重要工具。

三、实验仪器和材料

学生使用自己的笔记本计算机作为终端, 连接课题组 Linux 计算服务器开展 上机操作。

四、实验步骤

(1) 理论与计算化学简介。主要介绍理论与计算化学学科的历史背景和发展 现状、前沿领域等。

(2) 高性能计算系统简介与上机操作, 为进行下一步的量子化学计算和分子 动力学模拟上机做准备。

(3) 电子结构理论、程序和计算实例+化学软件(Gaussian)上机练习。对 $[F\cdots CH_3\cdots Cl]^-$ 等体系进行能量、几何构型优化, 简单反应势能面构建, 激发 态计算。

(4) 分子动力学原理简介及其模拟上机练习, 包括分子模拟的基本概念、常用 力场模型、牛顿方程的数值解法及经典平衡统计力学的基本原理。使用 GROMACS

软件分别进行水及溶菌酶的模拟，得到密度、内能、均方位移、径向分布函数等结果。具体步骤如下：

(i) 构建坐标文件(.gro)、力场文件(.top)、控制参数文件(.mdp)，使用 grommpp 预处理命令生成 md 运行文件。

(ii) 能量优化，NVT 平衡，NPT 平衡。

(iii) 模拟得到分子动力学轨迹，并进行结果分析。

五、实验结果与讨论

1. 电子结构计算

查阅文献(Cembran A, Song L, Mo Y, et al. 2009. J Chem Theory Comput, 5: 2702-2716，课上有电子版提供)，将计算结果与实验值及其他理论计算值进行比较，讨论计算所用方法和基组的准确性；结合计算结果和化学理论知识，对所计算系统的结构和性质进行分析和讨论，理解所用程序。

(1) [Cl$\cdots$CH$_3\cdots$Cl]$^-$共线反应势能面构建[泛函和基组 B3LYP、M062X/6-31g(d)]，作一维势能面图(写明所使用的作图软件，可使用任何作图软件，参考所附文献的图)，讨论 B3LYP 和 M062X 泛函和基组对势垒的影响，与所附文献中的 CCSD(T)值比较(1 a.u.=627.51 kcal/mol)。根据已有的[Cl$\cdots$CH$_3\cdots$Cl]$^-$输入文件和任务及数据处理perl程序，制作下面[F$\cdots$CH$_3\cdots$Cl]$^-$的输入文件和任务及数据处理perl程序。

(2) [F$\cdots$CH$_3\cdots$Cl]$^-$的两个共线极小点(反应物和产物)的结构优化和能量[泛函和基组 M062X/6-31+g(d)]，记录优化构型的键长、键角和二面角(按对称性，不要重复)及能量。

(3) [F$\cdots$CH$_3\cdots$Cl]$^-$共线反应势能面构建[泛函和基组 M062X/6-31+g(d)]，作一维势能面图(写明所使用的作图软件，可使用任何作图软件，参考所附文献的图)，讨论基组对势垒的影响，与所附文献中的 CCSD(T)值比较(1 a.u.= 627.51 kcal/mol)。

(4) [F$\cdots$CH$_3\cdots$Cl]$^-$的两个共线基态极小点结构下的激发态计算，记录最低单线态和三线态的激发能和激发频率。

(5) 对广义本征矩阵方程 eigs.f 程序的算法进行解释，每个子程序都要至少几条解释。根据所用[F$\cdots$CH$_3\cdots$Cl]$^-$共线反应势能面构建的任务及数据处理 perl 程序，画程序的流程图。

2. 分子动力学模拟

通过分析所研究分子体系的性质，判断系统是否达到平衡态；利用分子动力学模拟软件提供的分析工具，对模拟结果进行初步分析。

(1) 密度。

若体系的位形空间分布函数为 P，则可定义单粒子约化分布函数：

$$\rho^{1/N}(\boldsymbol{r}_1) = N\int d\boldsymbol{r}_2 \int d\boldsymbol{r}_3 \int d\boldsymbol{r}_4 \cdots \int d\boldsymbol{r}_N P(\boldsymbol{r}^N) \tag{13-1}$$

其物理意义为在位置 $\boldsymbol{r}_1$ 找到一个粒子的概率。对各向同性流体

$$\rho^{1/N}(\boldsymbol{r}_1) = \rho = N/V \tag{13-2}$$

式中，ρ 为体系密度。

(2) 径向分布函数。

同样可定义双粒子约化分布函数：

$$\rho^{2/N}(\boldsymbol{r}_1,\boldsymbol{r}_2) = \frac{1}{2}N(N-1)\int d\boldsymbol{r}_3 \int d\boldsymbol{r}_4 \cdots \int d\boldsymbol{r}_N P(\boldsymbol{r}^N) \tag{13-3}$$

其物理意义为在位置 $\boldsymbol{r}_1$ 找到一个粒子并在 $\boldsymbol{r}_2$ 找到任一其他粒子的联合概率。

对于理想气体

$$\rho^{2/N}(\boldsymbol{r}_1,\boldsymbol{r}_2) = \rho^{1/N}(\boldsymbol{r}_1)\rho^{1/N}(\boldsymbol{r}_2) \approx \rho^2 \tag{13-4}$$

定义 $g(\boldsymbol{r}_1,\boldsymbol{r}_2)$ 为

$$g(\boldsymbol{r}_1,\boldsymbol{r}_2) = \rho^{2/N}(\boldsymbol{r}_1,\boldsymbol{r}_2)/\rho^2 \tag{13-5}$$

对于各向同性流体,该函数仅依赖于两粒子间的相对距离 $r=|\boldsymbol{r}_1-\boldsymbol{r}_2|$, $g(r)$ 称为径向分布函数,它描述了真实的二粒子分布函数对理想气体近似(平均密度)的偏离。而 $\rho g(r)$ 的物理意义为在距离给定标记粒子 r 处的平均粒子密度。原因如下：概率统计中有一条定理,如果 x 和 y 的联合概率分布为 $P(x, y)$,那么给定 x 的一个特定值时 y 的条件概率分布为 $P(x,y)/P(x)$, $P(x)$ 为 x 的概率分布。而

$$\rho^{2/N}(0,r)/\rho^{1/N}(0) = \rho^{2/N}(0,r)/\rho = \rho g(r) \tag{13-6}$$

径向分布函数可由 X 射线散射实验测量得到。对于理想气体, $g(r)$ 为常数 1,液体一般会形成分层结构,因此 $g(r)$ 呈振荡形式。

(3) 均方位移(mean squared displacement, MSD)。

$$\text{MSD} = \left\langle |\boldsymbol{r}_i(t) - \boldsymbol{r}_i(0)|^2 \right\rangle \tag{13-7}$$

$\langle\ \rangle$ 表示对体系 N 个原子/分子求平均。由定义可知, MSD 可衡量粒子位置随时间的变化。根据均方位移与扩散系数的关系 $\text{MSD} = 6Dt$,以 MSD 对时间 t 作图,根据斜率求体系的扩散系数 D。

六、注意事项

实验课程当天必须自带笔记本计算机。

七、思考题

(1) 如何根据所研究的问题更快更准地进行量子化学计算？

(2) 根据所讲内容，简述哈特里-福克从头计算法。

(3) 在分子动力学模拟研究中，哪些计算和分析方法与统计力学理论有密切的联系？

八、参考文献

陈敏伯. 2009. 计算化学: 从理论化学到分子模拟. 北京: 科学出版社.

黄明宝. 2015. 量子化学教程. 北京: 科学出版社.

徐光宪，黎乐民，王德民. 1999. 量子化学: 基本原理和从头计算法. 北京: 科学出版社.

Allen M P, Tildesley D J. 1989. Computer Simulation of Liquids. Oxford: Oxford Science Publications.

Cembran A, Song L, Mo Y, et al. 2009. Block-localized density functional theory (BLDFT), diabatic coupling, and their use in valence bond theory for representing reactive potential energy surfaces. J Chem Theory Comput, 5: 2702-2716.

Chandler D. 1987. Introduction to Modern Statistical Mechanics. Oxford: Oxford University Press.

Foresman J B. 1993. Exploring Chemistry With Electronic Structure Methods: A Guide to Using Gaussian. Gaussian.

Levine I N. 2013. Quantum Chemistry. 7th ed. New York: Pearson.

Schwartz R L, Phoenix T. 2009. Perl 语言入门. 5 版. 盛春, 蒋永清, 王晖, 译. 南京: 东南大学出版社.

Simons J. 2003. An Introduction to Theoretical Chemistry. Cambridge: Cambridge University Press.

Szabo A, Ostlund N. 1996. Modern Quantum Chemistry. New York: Dover Publications.

(史 强 包 鹏)

实验 14　多肽固相合成与高效液相色谱-质谱联用分析

一、实验意义和目的

多肽作为重要的内源性生物活性物质，调控细胞生长再生、信号传递、物质运输等许多重要的生理、生化功能。随着对多肽参与并调节生命过程研究的深入，人工设计、合成和筛选具有特定功能的多肽，发展新的分析、检测方法和技术已成为生命科学和化学生物学研究的热点与前沿。高效液相色谱-质谱联用技术是快速有效获得复杂样品定性、定量信息的有力工具，在化学研究的各个领域中具有极其广泛的应用。

本实验旨在让化学专业高年级本科生了解多肽固相合成技术，初步掌握高效液相色谱-质谱联用技术的基本原理、仪器和操作，尤其是该技术在多肽分离分析中的应用，尝试建立复杂样品中多肽的高效色谱分离和质谱鉴定方法。

二、实验原理

1. 多肽固相合成

多肽的基本组成单元为氨基酸，其形成是通过氨基酸间氨基与羧基脱水缩合形成酰胺键的过程。本实验的多肽合成采用 Fmoc 固相合成策略(图 14-1)：以连接在 Wang 树脂上、具有 Fmoc 保护氨基的氨基酸为多肽起始端，以侧链具有保护基团、Fmoc 保护氨基的氨基酸为单元，从多肽的 C 端向 N 端延长。利用强酸将多肽从树脂上裂解下来，同时脱去氨基酸残基的保护基团，得到目标多肽。

2. 多肽的高效液相色谱-质谱联用分析

利用超高效液相色谱-质谱联用仪(UHPLC-MS)对合成多肽进行纯度与结构的分析与鉴定。根据目标物与杂质在反相色谱柱的保留时间不同，可在 220 nm(酰胺键的特征吸收波长)的紫外吸收波长处记录物质的保留时间(图 14-2)。利用质谱给出的一级及二级质谱信号，结合多肽二级碎片预测程序，可确定合成产物中各组分的序列与结构(图 14-3)。通过对 220 nm 紫外吸收波长的峰面积积分，可估算合成目标多肽的纯度。

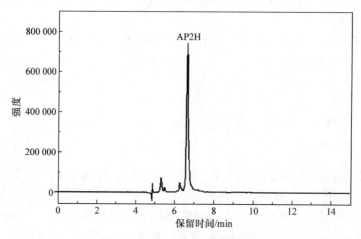

图 14-1   Fmoc 固相多肽合成示意图

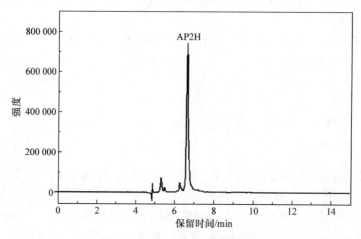

图 14-2   AP2H 多肽粗品的反相色谱分离图

三、实验仪器和材料

实验仪器：Ultimate 3000 UHPLC 及 ESI ion trap MS 液相色谱-质谱系统、反相高效液相色谱柱(C18，100 mm×2.1 mm)、摇床、固相多肽合成管、一次性滴管、移液枪、试管、烧杯、圆底烧瓶、砂芯漏斗、梨形瓶、离心管、磁力搅拌器、加热板、真空干燥箱、水泵。

实验材料：Fmoc-氨基酸-Wang 树脂、Fmoc 保护的 L 型氨基酸、N,N-二甲基甲酰胺(DMF)、N-甲基吗啉、2-(3′-N-氧代-苯并三唑)-1,1′,3,3′-四甲基脲六氟

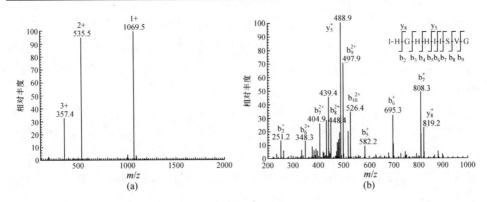

图 14-3 AP2H 多肽的 ESI-MS 分析图

(a) MS 谱图；(b) MS/MS 谱图(母离子 *m/z*：535.5)

磷酸盐(HBTU)、三氟乙酸(TFA)、六氢吡啶(piperidine)、三异丙基硅烷(TIS)、乙二硫醇、Kaiser 试剂、HPLC 级甲醇、二氯甲烷、超纯水、HPLC 级乙腈、甲酸、乙醇、乙醚等。

四、实验步骤

1. 多肽固相合成

由于课时制约，学生在课时时间内完成实验步骤(1)~(3)，其余供学习参考。

(1) 溶胀：称取 Fmoc-氨基酸-Wang 树脂 50 mg 于固相多肽合成管中，加约 5 mL DMF，放置 30 min，使树脂充分溶胀，将 DMF 抽掉。

(2) 脱氨基保护：①用一次性滴管取 4 mL(根据树脂量定)20%(体积分数)六氢吡啶/DMF 溶液于树脂中，在摇床中以 200 r/min 摇 10 min，将溶液抽掉，重复两次，脱去氨基酸的 Fmoc 保护基，加入适量 DMF 清洗 6 次；②取若干粒树脂于试管中，用乙醇清洗 3 次，加入 Kaiser 试剂，沸水浴中加热 1~2 min，观察并记录树脂颜色变化。

(3) 偶联：按照多肽序列从 C 端到 N 端的顺序偶联氨基酸。称取 4 倍量的 Fmoc-L-氨基酸、4 倍量的 HBTU，用 0.4 mol/L *N*-甲基吗啡啉/DMF 溶液溶解；将上述反应液加入固相多肽合成管的树脂中，偶联反应 1~2 h。抽掉反应溶液，用 DMF 清洗树脂 6 次。取若干粒树脂进行 Kaiser 检测，观察并记录树脂颜色变化。

(4) 延长肽链：重复脱保护和偶联步骤，直至得到在树脂上键合的目标肽，脱去目标肽的 N 端 Fmoc 基团，用 DMF 清洗树脂 6 次。

(5) 裂解：分别用二氯甲烷、甲醇各清洗树脂 3 次，收缩树脂；将树脂放入真空干燥箱,室温真空干燥 4 h。依据多肽序列,配制裂解液。常用裂解液为 95%(体积分数,下同)TFA、2.5%水、2.5%TIS。当序列中含有 Cys 或 Met 时,需要添加乙二硫醇,防止巯基被氧化。将配制好的裂解液放入冰浴中,预冷。裂解液的体积按照 10~25 mL/g 树脂配制。

将树脂置于圆底烧瓶中,将裂解液加入树脂中,冰浴,磁力搅拌 10 min。撤掉冰浴,继续搅拌 2 h。用砂芯漏斗过滤至梨形瓶中,取滤液。用少量 TFA 清洗树脂,一并转入梨形瓶中;37℃旋转蒸发至液体体积为 1 mL 左右;将预冷好的乙醚加入旋转蒸发后剩余液体中,冰浴静置 2 h,沉淀多肽。离心分离并真空干燥多肽粗品。

2. 合成多肽的液相色谱-质谱分离分析(在课时时间内完成)

(1) 样品准备:称取固相合成的多肽约 0.2 mg,利用初始流动相溶解,配制成 0.5 mg/mL 溶液于离心管中,用针头滤器过滤,滤液转移至液相色谱样品瓶中,将样品瓶放入液相色谱样品架中。

(2) 流动相的配制:液相色谱-质谱系统共配制四种流动相,分别为 A:水,B:甲醇,C:水+0.1%甲酸,D:乙腈+0.1%甲酸。

(3) 设置液相色谱-质谱系统参数:打开计算机,并依次打开液相色谱仪的检测器、柱温箱、样品架、脱气机开关。将高效液相色谱柱安装好,将质谱流路切换阀调到 waste 挡,打开变色龙软件,首先将流动相比例设置为 20% C+80% D,流速设置为 0.3 mL/min,平衡 10 min;之后将流动相比例改为起始条件,平衡 10 min。并根据需要设定液相色谱-质谱参数。以下为示例:

设定液相色谱参数:打开 Xcalibur 软件,"Instrument setup" → "Dionex Chromatography" → "Wizard" → "next" → "Gradient Type"选择"Multi-step Gradient" →设定 0-10-13- 13.01-18 min:5%-80%-80%-5%-5%D。

设定质谱参数:LCQ Fleet MS:"Acquire time":18 min(与液相色谱相同);"Segments":1;"Scan events":2;"Scan Event 1":polarity:positive;"Scan Event 2":MS/MS。保存方法文件。

(4) 样品分析:在 Xcalibur 软件中打开"Sequence Setup",填写"Sample Type"、"File Name"、"Path"、"Position"、"Inj Vol"等信息,调入上一步骤中编写好的方法文件 Inst Meth,保存进样方法文件。打开质谱扫描,将质谱流路切换阀从 waste 切至 inject 挡,选择进样方法文件,点击"Run Sample",进行样品的分析。

(5) 仪器清洗:样品分析完毕后,按实验操作规程对液相色谱-质谱系统进行清洗。

五、实验结果与讨论

(1) 记录多肽固相合成的实验过程与现象。

(2) 根据树脂键合量，计算多肽的理论产量。

(3) 对多肽的反相液相色谱分离，以及一级质谱和多级质谱扫描结果进行讨论，将多肽的分子离子峰及碎片峰与理论值进行比对，分析多肽的结构信息。

六、注意事项

(1) 多肽固相合成需保证整个实验过程无水。

(2) 液相色谱-质谱检测前，样品溶液需过滤；进样前，色谱柱需充分平衡。

(3) 色谱柱安装方向：出口端为检测器。

(4) 质谱未打开扫描前，液相色谱流动相等溶液禁止通入质谱，以免污染离子源室。

七、思考题

(1) Kaiser 试剂的主要成分是什么？Kaiser 试剂检测的原理是什么？用 Kaiser 试剂检测多肽树脂时，如果树脂变蓝紫色，说明什么？所有种类的氨基酸检测都会变蓝紫色吗？

(2) 液相色谱-质谱分析时，为什么要用初始流动相溶解多肽粗品？

(3) 反相高效液相色谱分离多肽的原理是什么？

(4) 通过查阅文献资料，思考氨基酸偶联步骤中试剂 HBTU、N-甲基吗啡啉各有什么作用。

(5) 多肽二级质谱图中通常有哪几类碎片离子信号？分别是从哪些化学键断裂的？

八、参考文献

汪正范, 杨树民, 吴侔天, 等. 2007. 色谱联用技术. 2 版. 北京: 化学工业出版社.

Chan W C, White P D. 2000. Fmoc Solid Phase Peptide Synthesis: A Practical Approach. Oxford: Oxford University Press.

Gross J H. 2014. Mass Spectrometry. 2nd ed(影印版). 北京: 科学出版社.

Snyder L R, Kirkland J J, Dolan J W. 2010. Introduction to Modern Liquid Chromatography. 3rd ed. Hoboken: John Wiley & Sons, Inc.

(赵　睿)

实验 15　对映选择性生物转化反应

一、实验目的

(1) 熟悉生物转化反应的特点、操作，学习如何监测反应。

(2) 掌握生物转化产物的提纯方法和表征手段(核磁共振氢谱、红外光谱、比旋光度)。

(3) 学习使用软件观察酶的晶体结构。

二、实验原理

生物转化是利用生物体系(如微生物或酶)实现化学反应的方法，与常规有机化学方法相比，生物转化具有反应条件温和、对环境污染小及高反应效率和选择性的优点，特别是生物转化方法可以获得常规化学方法难以合成的高纯度手性化合物。因此，近几十年来，生物转化获得了蓬勃的发展，现在人们能够利用生物催化剂催化几乎所有种类的有机化学反应，其中生物催化水解反应不需要添加辅酶且底物范围较广，因而被广泛研究。

酰胺的制备方法简单多样，且可以经多种反应转化成含有不同官能团的化合物，因此是一类重要的有机合成中间体。其中将酰胺进行化学水解可以实现羧酸的合成，但是该反应条件通常较为苛刻(如强酸或强碱、加热回流)，因此往往需要对产物分子中带有的化学敏感基团进行保护-去保护策略，此外这类反应的选择性也较差。与之相比，通过生物转化反应，酰胺可以在非常温和的条件下转化成相应的羧酸(如在 pH 为 7.0 的条件下 30℃反应)，而且在反应中还能体现优良的化学、区域和立体选择性。酰胺的生物水解(图 15-1)通常是在酰胺水解酶(amidase, E.C. 3.5.1.4)的催化下进行的，该类酶往往以丝氨酸残基作为催化活性中心，当底物接近活性中心后，丝氨酸残基上的羟基进攻底物酰胺上的羰基碳，随后脱去一分子氨气形成反应中间体，然后一分子水进攻羰基碳并最终生成羧酸产物。因为酰胺水解酶的活性中心处于酶的较深区域，且其活性空腔较拥挤，所以底物在空腔内排列受限，底物的结构对反应的效率和对映选择性具有显著影响。

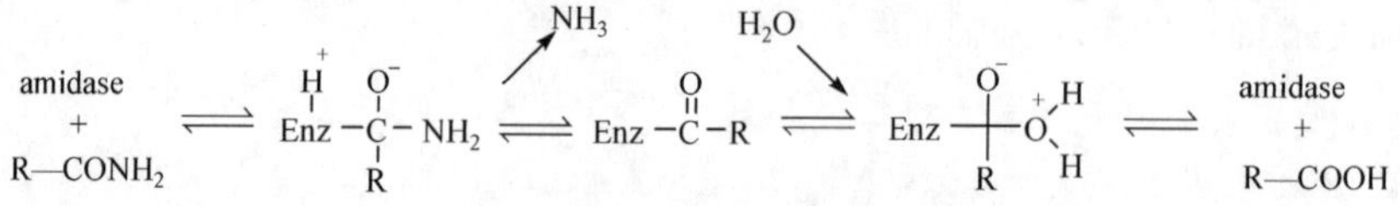

图 15-1　酰胺的生物水解示意图

本实验以红球菌 *Rhodococcus erythropolis* AJ270 作为整细胞催化剂，利用细胞内的酰胺水解酶催化酰胺类底物发生水解反应，高对映选择性地合成羧酸类化合物，然后经过离子交换柱或反相柱层析分离得到产物，并进行结构表征(核磁共振氢谱、红外光谱、比旋光度)。

三、实验仪器和材料

实验仪器：发酵罐、恒温摇床、红外光谱仪、旋光仪、核磁共振谱仪、计算机(安装 PyMOL 软件)、紫外灯、天平、烘箱、旋转蒸发仪、水泵、锥形瓶、抽滤瓶、瓷漏斗、称量纸、药匙、毛细管、镊子、展开槽、试管、试管架、一次性滴管、单口瓶、核磁管等。

实验材料：*Rhodococcus erythropolis* AJ270 菌体、磷酸氢二钾-磷酸二氢钾缓冲液(0.1 mol/L，pH 7.0)、α-苄基-α-氨基丙二酰胺、二次水、甲醇、氨水、反相硅胶(填料：SP-120-50-ODS-A)、硅胶板(G254)、硅藻土、离子交换树脂(CAS：11119-67-8)、氘代溶剂(氘代甲醇)等。

四、实验步骤

取 2 g 湿重的 *Rhodococcus erythropolis* AJ270 菌体，30℃条件下解冻 0.5 h，用磷酸氢二钾-磷酸二氢钾缓冲液(50 mL，0.1 mol/L，pH 7.0)将菌体洗入 150 mL 带螺纹口的锥形瓶中，分散摇匀后放入恒温摇床中，在 30℃、200 r/min 条件下活化 0.5 h。将 2 mmol 底物 α-苄基-α-氨基丙二酰胺加入反应瓶中，薄层色谱(TLC)监测反应至原料消失后停止反应。溶液通过一层硅藻土过滤除去菌体，用二次水洗涤(3×15 mL)，合并滤液并在 50℃下旋转蒸发除去水溶剂，再使用离子交换树脂(展开剂：10%氨水)或柱层析(填料：SP-120-50-ODS-A；展开剂：水/甲醇)进行分离纯化，得到目标产物，并对目标产物进行结构表征。

计算产率，收集并讨论核磁共振氢谱、红外光谱、比旋光度等数据。本实验所涉及的生物转化反应方程式如图 15-2 所示。

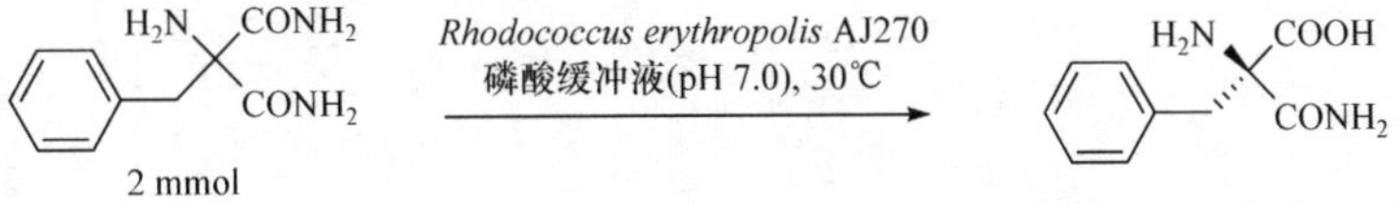

图 15-2　本实验所涉及的生物转化反应方程式

五、实验结果与讨论

(1) 计算化合物产率，讨论产率不到 100%的原因；测定目标产物的核磁共振氢谱及比旋光度，并通过查阅文献得出目标化合物的核磁共振氢谱图及理论旋光值，通过比对核磁共振数据确定化合物结构，通过测定旋光值与文献比对估算所得产物的绝对构型及 ee 值。

(2) 打开 https://www.rcsb.org/structure/3A1K 网站下载酰胺水解酶晶体结构文件 3a1k.pdb，通过 PyMOL 软件观察酰胺水解酶晶体结构，了解其活性中心位置，并根据活性空腔形状思考该催化反应为什么具有较高的对映选择性。

六、注意事项

实验中注意安全防护(护目镜、口罩、手套等)；实验操作中注意监测反应并严格控制反应时间，实验结束后注意所有带菌玻璃瓶及手套均用乙醇冲洗消毒。

七、思考题

(1) 为什么酶只催化二酰胺底物中的一个酰胺基转化为羧基?

(2) 结合所做实验，总结生物转化方法与传统化学转化方法相比具有哪些优势。

八、参考文献

敖宇飞, 王其强, 王德先. 2016. 有机合成中腈的去对称化生物转化反应研究进展. 有机化学, 36(10): 2333-2343.

Faber K. 2011. Biotransformations in Organic Chemistry. 6th ed. Berlin: Springer.

Ohtaki A, Murata K, Sato Y, et al. 2010. Structure and characterization of amidase from *Rhodococcus* sp. N-771: Insight into the molecular mechanism of substrate recognition. Biochim Biophy Acta, 1804(1): 184-192.

Wang M-X. 2015. Enantioselective biotransformations of nitriles in organic synthesis. Acc Chem Res, 48: 602-611.

Zhang L-B, Wang D-X, Zhao L, et al. 2012. Synthesis and application of enantioenriched functionalized α-tetrasubstituted α-amino acids from biocatalytic desymmetrization of prochiral α-aminomalonamides. J Org Chem, 77: 5584-5591.

(王德先)

实验 16　后过渡金属配合物催化的乙烯聚合反应

一、实验意义和目的

在合成高分子材料中，使用量超过三分之二的是价廉、易加工、质量轻和环境负面影响小的聚烯烃材料。因此，聚烯烃生产技术是衡量一个国家石化工业基础和技术水平的重要标志。在聚烯烃产业发展初期，我国没有自己的聚烯烃催化剂和聚合工艺技术，一直处于落后局面；尽管在过去四十余年从引进和模仿中发展，聚烯烃产量已经是世界大国，但仍然无法摆脱高端聚烯烃材料进口第一大国的地位。二十年后，过渡金属催化烯烃聚合则可能为我国新型聚烯烃催化剂发展和新型聚烯烃材料发展提供机会，也有望实现从中国制造到中国创造的石化技术，实现聚烯烃技术和新型聚乙烯材料的飞跃。

本实验设计的反应隶属于均相配位催化过程的加成聚合。通过实验操作，学生可以学习"无氧无水""常压与(低)加压反应"，聚合物处理与干燥技术，并可以获得典型的例子，了解金属与配体对催化活性与聚合物结构带来的本质差异。

二、实验原理

德国化学家施陶丁格(Staudinger)教授在 20 世纪 20 年代定义"高分子是由结构单元重复并通过普通(共价)键彼此连接而形成的长链分子"的化学中大分子门类，并于 1932 年提出大分子长链结构理论；该理论与 1934 年苏联谢苗诺夫提出的链式聚合理论相互支持。英国帝国化学工业公司的 Fawcett 在 1936 年英国皇家化学会 Faraday 会议上报道了乙烯高压聚合制备聚乙烯，标志着加成高分子合成反应与高分子科学的建立。20 世纪 50 年代，德国科学家齐格勒(Ziegler)发展了钛配位乙烯(及烯烃) 聚合催化剂，意大利科学家纳塔(Natta)快速推进了钛配位丙烯聚合及产业化，推动了钛催化剂制备聚丙烯、聚乙烯及乙烯与 α-烯烃共聚的线形低密度聚乙烯。20 世纪 50 年代同时推进产业化的还有铬系 Phillips 催化剂，20 世纪 70 年代末又发现了茂金属催化剂并于 90 年代实现规整性调控聚烯烃制备。Cossee 在大量乙烯聚合研究基础上提出了催化机理，后来又被 Green 修正，成为人们普遍接受的 Green-Rooney 催化机理，如图 16-1 所示。

同位素标记研究认为，Green-Rooney 机理需要进行必要的修正，中间体中有"抓氢键"中间体化合物形成，称为"邻位抓氢键参与的乙烯聚合机理"，如图 16-2 所示。

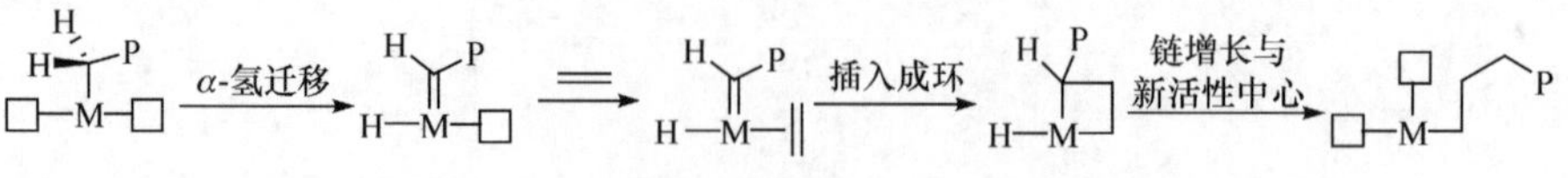

图 16-1　乙烯聚合的 Green-Rooney 机理

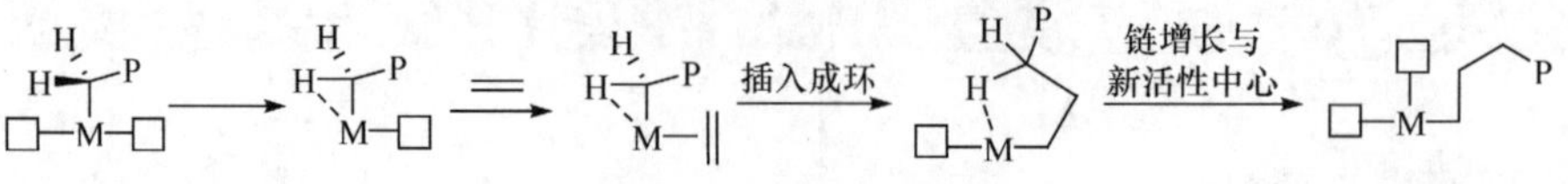

图 16-2　邻位抓氢键参与的乙烯聚合机理

在后过渡金属配位催化乙烯聚合中，不同中心金属具有一定的特异性。使用铁与钴配合物催化乙烯聚合，基本上可以使用乙烯聚合的 Green-Rooney 机理。与之对应，镍催化乙烯聚合获得了支化聚乙烯，在催化机理中必要地加入"抓氢键"和"链迁移"的机理，如图 16-3 所示。

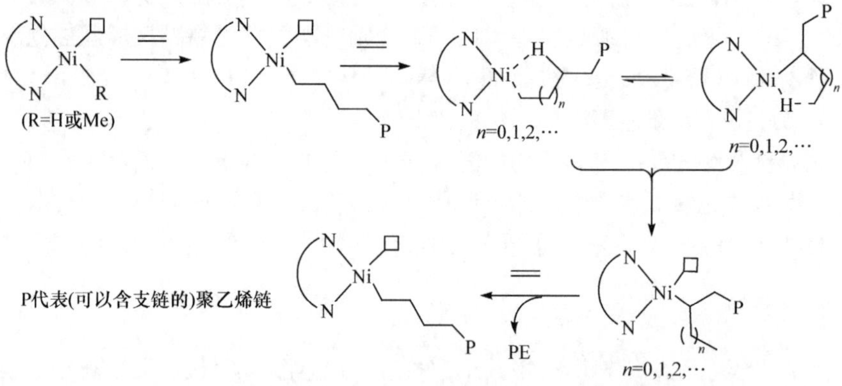

图 16-3　镍催化"抓氢键"与"链迁移"的乙烯聚合机理

为了展示聚烯烃领域新型催化剂可以实现乙烯聚合制备出结构差异的聚乙烯材料，特安排本对比性实验：使用以下结构的铁和镍配合物催化剂(图 16-4)，铁催化乙烯聚合制备高度线形聚乙烯，镍催化乙烯聚合制备高度支化的聚乙烯。期待这类催化剂未来进入产业化生产，推动聚乙烯产业发展。

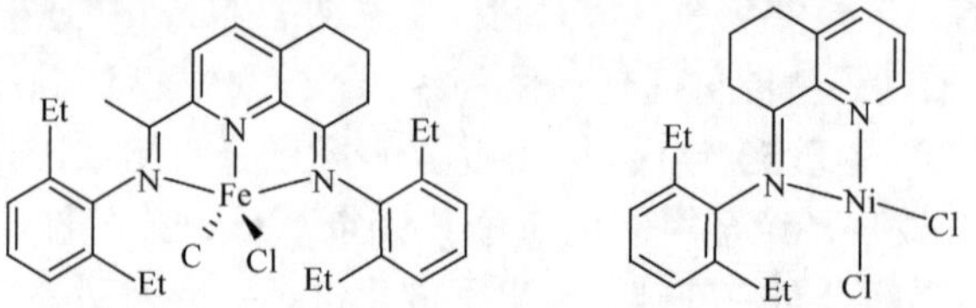

图 16-4　实验使用的新型铁和镍配合物催化剂

三、实验仪器和材料

实验仪器：三口烧瓶、不锈钢高压聚合釜、注射器、高温烘箱、真空干燥箱、气相色谱-质谱联用仪、凝胶渗透色谱仪(GPC)、差示扫描量热仪等。

实验材料：甲苯、钠丝、二苯甲酮、乙烯、铁配合物、镍配合物、Et_2AlCl、$Et_3Al_2Cl_3$、甲基铝氧烷(MAO)、修饰的甲基铝氧烷(MMAO)、乙醇、10%盐酸乙醇溶液、氮气等。

四、实验步骤

1. 溶剂预处理

在氮气保护下，将甲苯加入含有钠丝和二苯甲酮的三口烧瓶中，回流 24 h 至混合液的颜色由黄色转化为深紫色。收集蒸馏的甲苯并密封保存待用。

2. 催化剂溶液配制

称取适量铁配合物、镍配合物，溶于甲苯或其他适宜溶剂中，方便取用。

3. 乙烯常压聚合反应

乙烯常压聚合反应在 150 mL 三口烧瓶中进行。三口烧瓶需抽真空后用乙烯置换 3 次，然后用注射器加入 5 μmol 铁配合物(溶于 30 mL 甲苯)与需要量的助催化剂；反应器采用磁力搅拌，在常压下进行，用水浴控制在适宜温度。反应进行到需要时间后，停止通入乙烯，待反应器冷却后加入 10%盐酸乙醇溶液终止反应。过滤收集沉淀下来的聚乙烯，用乙醇洗涤 3 次，于 50℃抽真空干燥至恒量。

4. 乙烯高压聚合反应

乙烯高压聚合反应在 0.25 L 不锈钢高压聚合釜中进行，并配备乙烯压力控制器、机洗搅拌器具和温控装置。聚合釜置于高温烘箱中在 120℃下连续干燥，并在乙烯氛围下冷却至聚合所需的温度，然后顺序加入经过无水无氧处理的甲苯(30 mL)、2.0 μmol 铁或镍配合物溶液(溶于 50 mL 甲苯)，再加入需要量的助催化剂与其余甲苯(约 20 mL)，使不锈钢高压聚合釜内的总体积为 100 mL。将不锈钢高压聚合釜立即加压至规定的乙烯压力，开始搅拌。反应 30 min 后结束，停止通入乙烯，向反应溶液中加入 10%盐酸乙醇溶液，用乙醇洗涤过滤，置于真空干燥箱中 50℃下干燥至恒量，称量聚合物。

5. 聚合产物分析(演示参观部分)

产物的液相部分用气相色谱-质谱联用仪分析，固相部分用凝胶渗透色谱仪与差示扫描量热仪分析。

五、实验结果与讨论

记录不同催化剂和催化剂用量、所用助催化剂种类，所得聚合物形态与质量；依据所得聚乙烯质量，计算催化剂的催化活性。观察聚合物物性，根据演示实验和说明，初步明确催化剂金属本质对聚合物性能的影响，以及不同催化剂的活性差异。

六、注意事项

(1) 聚合过程需要无水无氧的体系，所用甲苯需进行预处理和重蒸馏。

(2) 助催化剂 Et_2AlCl、$Et_3Al_2Cl_3$、MAO、MMAO 都是铝化合物，对空气和水非常敏感，取用需在无水无氧气氛下操作并且及时加入聚合反应装置中；移液注射器需要及时处理，使残留铝化合物猝灭。

七、思考题

(1) 后过渡金属配合物催化乙烯聚合有什么优势？

(2) 铁和镍配合物催化剂所得聚合物的形态差异有哪些？

(3) 试述后过渡金属催化乙烯聚合实现产业化的意义与瓶颈问题。

八、参考文献

Wang Z, Liu Q, Solan G A, et al. 2017. Recent advances in Ni-mediated ethylene chain growth: Nimine-donor ligand effects on catalytic activity, thermal stability and oligo-/polymer structure. Coord Chem Rev, 350: 68-83.

Wang Z, Solan G A, Zhang W, et al. 2018. Carbocyclic-fused *N,N,N*-pincer ligands as ring-strain adjustable supports for iron and cobalt catalysts in ethylene oligo-/polymerization. Coord Chem Rev, 363: 92-108.

(孙文华)

实验 17　荧光量子产率的测定及亚细胞器线粒体荧光成像

一、实验目的

(1) 了解荧光量子产率的概念及其测定原理。

(2) 掌握测定荧光量子产率的方法及其注意事项。

(3) 了解亚细胞器线粒体的染色和荧光成像方法。

二、实验原理

1. 荧光量子产率的测定

荧光量子产率(fluorescence quantum yield)又称荧光量子效率(可用符号 Φ_F 表示)，是指荧光物质吸光后所发射荧光的光子数与所吸收激发光的光子数的比值。

荧光量子产率的计算公式可以表示为 $\Phi_F = k_f / (k_f + \sum K)$，其大小取决于辐射和非辐射跃迁过程，即荧光发射、系间跨越、外转移和内转移等过程的相对速率。式中，k_f 为荧光发射的速率常数；$\sum K$ 为非辐射跃迁过程的速率常数的总和。通常 k_f 主要取决于分子的化学结构，$\sum K$ 主要取决于化学环境，同时也与化学结构有关。

荧光量子产率的数值一般总是小于 1(由于不可避免的振动弛豫、内转换等过程的存在)。荧光量子产率的数值越大，则化合物的荧光越强，而无荧光物质的荧光量子产率等于或非常接近于零。

荧光量子产率通常有两种测定方法，即绝对测量法和相对测量法(也称参比法)。前者需要特殊的设备且测定比较困难；后者容易实现且能满足一般的要求，因此比较常用。相对测量法通常选取一种荧光量子产率已知的标准物质作参比进行测定，且标准物质的光谱范围尽量与待测荧光物质的相近，以减小仪器等因素产生的误差。

相对测量法分别测定待测物质和标准物质两者稀溶液的积分荧光强度(校正荧光发射光谱所包括的面积)及在激发波长处的吸光度，再将这些数值代入式(17-1)中，计算出待测物质的荧光量子产率：

$$\Phi_X = \left(\Phi_S \times A_S \times I_X \times \eta_X^2\right) / \left(A_X \times I_S \times \eta_S^2\right) \tag{17-1}$$

式中，Φ_X 和 Φ_S 分别为待测物质和标准物质的荧光量子产率；I_X 和 I_S 分别为待测物质和标准物质的积分荧光强度；A_X 和 A_S 分别为待测物质和标准物质在激发波长处的吸光度，通常 $A<0.05$；η_X 和 η_S 分别为待测物质和标准物质溶剂的折射率。

上述这种测定单一浓度溶液吸光度和积分荧光强度的方法虽然操作简便，但是往往存在较大的测量误差。为了使测量结果更加准确，在实际操作中，可测定多个不同低浓度溶液在激发波长处的吸光度 A 和积分荧光强度 I，将 A 和 I 进行线性拟合，再将所得斜率代入式(17-2)中，计算出更准确的待测物质的荧光量子产率：

$$\Phi_X = \left(\Phi_S \times K_X \times \eta_X^2\right) / \left(K_S \times \eta_S^2\right) \tag{17-2}$$

式中，K_X 和 K_S 分别为待测物质和标准物质的线性拟合斜率。

本实验以罗丹明 123 的荧光量子产率为标准，测定罗丹明 B 的荧光量子产率。

2. 线粒体荧光成像

线粒体是细胞内负责能量供给的亚细胞器，其内膜上的呼吸链(一系列氧化还原酶反应)可将呼吸作用产生的质子转移到膜外，形成外正、内负的电荷分布，由此产生约 180 mV 的跨膜电位差。在电场力的驱动下，一些带有正电荷的亲脂性荧光染料可以容易地通过线粒体膜的磷脂双分子层进入线粒体基质，选择性地富集在线粒体内，从而实现对线粒体的荧光成像。罗丹明 123 是一种带有正电荷的亲脂性荧光染料，因此可用于亚细胞器线粒体的选择性荧光成像。

三、实验仪器和材料

实验仪器：紫外-可见分光光度计、荧光分光光度计、石英比色皿、激光共聚焦荧光显微镜、培养箱、移液枪等。

实验材料：罗丹明 B、罗丹明 123、HeLa 细胞、细胞培养皿、培养液、PBS、乙醇(分析纯)等。

四、实验步骤

1. 荧光量子产率的测定

(1) 移取五个不同浓度的待测物质(罗丹明 B 的乙醇溶液)或标准物质(罗丹明 123 水溶液)于石英比色皿中，在紫外-可见分光光度计上分别测量其吸收曲线(吸光度均小于 0.05)。

(2) 移取上述相同的溶液于石英比色皿中，选取合适的(最好是相同的)激发波长，在荧光分光光度计上扫描其荧光发射光谱，并获取校正荧光发射光谱的积分荧光强度。

(3) 将激发波长处的吸光度 A 和积分荧光强度 I 按待测物质组和标准物质组分别作 I-A 图，并进行线性拟合，将获得的斜率代入式(17-2)，计算罗丹明 B 的荧光量子产率(当水的折射率为 1.333，乙醇溶液的折射率为 1.361 时，罗丹明 123 在水中的荧光量子产率为 0.90)。

2. 亚细胞器线粒体荧光成像

1) 细胞准备

(1) 将预先在专用的共聚焦荧光培养皿里孵育 24 h 的 HeLa 细胞从培养箱中取出，用移液枪移走旧的培养液，并用 PBS 轻轻冲洗 3 次，加入 1 mL 不含血清的培养液。

(2) 向培养皿内加入 5 μL 罗丹明 123 溶液的储备液(10 μmol/L)，使罗丹明 123 的最终浓度为 50 nmol/L)，将培养皿放回培养箱，染色 30 min。

(3) 染色结束后，取出培养皿并放置在激光共聚焦荧光显微镜上，进行荧光成像。

2) 上机步骤

(1) 在显微镜透射光下找样品。

(2) 选择激发波长并设置光路(488 nm 激光激发；发射波长通道 500~550 nm)。

(3) 共聚焦预扫样品，调节参数(包括激光输出功率、光电倍增管电压和图像放大值)。

(4) 选取合适视野，采集图像。

五、实验结果与讨论

(1) 获取待测物质和标准物质的 I-A 曲线的斜率。

(2) 查找罗丹明 123 在水中的荧光量子产率，以及水和乙醇的折射率。

(3) 将各项数据代入荧光量子产率的公式中，计算待测物质罗丹明 B 的相对荧光量子产率。

(4) 观察 HeLa 细胞的形态，描述细胞经罗丹明 123 染色后的荧光成像特征。

六、注意事项

(1) 待测物质及标准物质均要避免强光的照射(以减少光漂白)。

(2) 在激发波长下的吸光度一般小于 0.05。

(3) 细胞染色所用的罗丹明 123 溶液浓度不宜过高(<100 nmol/L，以防强荧光饱和)。

七、思考题

(1) 激发波长处的吸光度为什么要小于 0.05?

(2) 测定罗丹明 B 的荧光量子产率为什么用罗丹明 123 作标准物质较好? 选用其他标准物质(如硫酸奎宁、罗丹明 6G)可以吗?

(3) 为什么要避免强光照射待测物质和标准物质溶液?

(4) 罗丹明 123 进行细胞染色时为什么浓度不能过高?

八、参考文献

许金钩，王尊本. 2006. 荧光分析法. 3 版. 北京: 科学出版社.

Fery-Forgues S, Lavabre D. 1999. Are fluorescence quantum yields so tricky to measure? A demonstration using familiar stationery products. J Chem Edu C, 76: 1260-1264.

Kubin R F, Fletcher A N. 1982. Fluorescence quantum yields of some rhodamine dyes. J Lumin, 27: 455-462.

Lakowicz J R. 2006. Principles of Fluorescence Spectroscopy. 3rd ed. Maryland: Springer.

(马会民　史　文)

实验 18　印刷制备胶体光子晶体及表征

一、实验目的

(1) 利用自下而上方法，基于蒸发动力学控制的沉积和组装胶体光子晶体。

(2) 了解并测试胶体光子晶体的带隙分布和带隙的角度依赖性。

二、实验原理

　　胶体光子晶体(colloidal photonic crystal)是指由高度单分散的纳米级胶体微球自组装形成的光子晶体有序结构。胶体光子晶体采用"自下而上"(bottom-up)的方法制备，与"自上而下"(top-down)的物理加工法相比制备简单、成本低廉，因而受到科学家的广泛关注。组成胶体光子晶体的单分散的胶体纳米微球主要是无机二氧化硅胶体纳米微球和有机聚合物胶体纳米微球，通过调控胶体纳米颗粒的组装过程，可以得到不同晶形、不同晶面的高度有序的组装结构(图 18-1)。

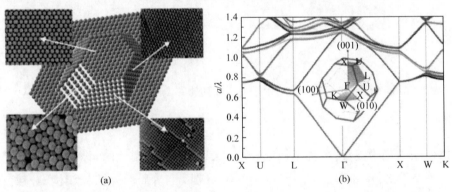

图 18-1　胶体纳米微球组装的胶体光子晶体的不同晶面(a)和光子晶体的能带结构(b)

　　基于蒸发动力学控制的沉积和组装机制，发展了一种简单高效的制备高质量光子晶体图案的方法。利用速度控制的界面捕获效应，当液滴表面的蒸发速度大于分散粒子的平均扩散速度时，位于界面附近的粒子被界面捕获，从而实现分散粒子在界面的富集和最终的均匀沉积形貌。将乳液在基材上快速干燥，就可以实现单分散纳米粒子的均匀沉积和有序组装，快速制得高质量的光子晶体。

　　溶液蒸发带来的不仅仅是溶质的浓缩，更重要的还有分散相在空间的重新分布。研究液滴干燥现象的机理及其干燥后溶质在基底表面形成的沉积形貌，对于印刷、自组装、生物图案，以及基于溶液加工的器件制备均有重要的理论价值。然而，看似简单的液滴蒸发过程，却涉及异常复杂的物理化学过程。例如，一滴咖啡在桌面上干燥后，常留下一个环状的不均匀痕迹，周围颜色深，内部颜色浅，即咖啡环效应，如图 18-2 所示。这种非常普遍又难以避免的非均匀沉积现象是由液滴表面不均匀的蒸发速度引起的毛细流造成的。液滴边缘蒸发较快，导致钉扎的三相线附近液体迅速流失，内部液体不断补充液滴边缘的溶剂流失，并携带悬浮粒子在三相线处沉积聚集。之后的研究表明，液滴内流(包括毛细径向外流和马拉戈尼流)、三相线运动情况，以及粒子-粒子/粒子-溶剂分子间的相互作用等因素会影响分散粒子在液滴干燥过程中的时空分布。

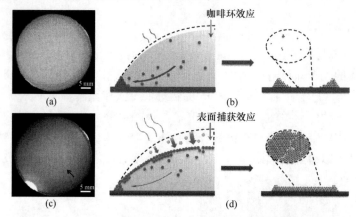

图 18-2　快速蒸发下产生的界面富集现象抑制咖啡环效应

光子晶体周期性结构对光的衍射作用遵循布拉格(Bragg)衍射定律：

$$m\lambda = 2D\sqrt{n_{\text{eff}}^2 - \sin^2\theta} \tag{18-1}$$

式中，m 为衍射级数；λ 为特征反射峰波长；D 为衍射晶面的间距；θ 为入射角；n_{eff} 为有效折射率，$n_{\text{eff}}^2 = \sum n_i^2 V_i$，$n_i$ 和 V_i 分别为各介质的折射率和体积分数。由式(18-1)可以看出，当光子晶体的晶面参数、折射率等确定时，光子禁带的位置随着检测角度的增大而发生蓝移。

三、实验仪器和材料

实验仪器：热台、微量液体样品专用移液枪、取样枪头、玻璃片、光学 R1 角分辨光谱仪、氙灯光源、旋涂仪等。

实验材料：去离子水、不同粒径的单分散性乳胶球[如聚(苯乙烯-甲基丙烯酸甲酯-丙烯酸)微球、聚苯乙烯微球、聚甲基丙烯酸甲酯微球或二氧化硅微球等(粒径170~290 nm)，选取两种粒径进行实验]、疏水二氧化硅纳米粒子气溶胶 R202[表面修饰有聚二甲基硅氧烷(PDMS)，平均粒径 14 nm]、聚苯乙烯(相对分子质量 350 000)、表面活性剂十二烷基磺酸钠(SDS)或溴化十六烷基三甲铵(CTAB)、二氯甲烷、乙醇、丙酮、氮气等。

四、实验步骤

(1) 基片清洗：将裁切好的玻璃片置于烧杯中，用丙酮、乙醇多次超声清洗，取出玻璃片，反复用去离子水洗涤，最后用纯净的氮气吹干待用。

(2) 疏水化处理：0.5 g 聚苯乙烯微球和 0.3 g 疏水二氧化硅纳米粒子气溶胶 R202 溶于 30 mL 二氯甲烷，混合搅拌 30 min。取适量，在清洁的玻璃片旋涂，得到均匀的涂层，然后在 70℃热台上加热 10 min。

(3) 为了制备光子带隙在可见区的光子晶体图案，选择微球的粒径为 170～290 nm，乳液浓度为 4%(质量分数)，表面活性剂十二烷基磺酸钠或溴化十六烷基三甲铵的浓度控制在 $5\times10^{-6}\sim1\times10^{-4}$(质量分数)。

(4) 疏水化处理的基底放在 70℃热台上稳定 5 min，用移液枪分别取适量上述乳胶溶液，滴加在基底上，继续加热至液滴干燥。滴加体积根据图案大小决定，实验中采用 0.5～30 μL，如图 18-3 所示。

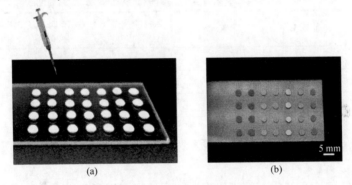

(a)   (b)

图 18-3 光子晶体图案的制备

(5) 观察样品组装过程和组装形貌的差异，以及干燥后图案的颜色差异(表 18-1)及其随角度的变化，如图 18-4 所示。

表 18-1 不同光子晶体结构色对应的单分散 P(St-MMA-AA)小球的粒径和禁带位置

光子晶体结构色	紫	蓝	青	绿	黄	橙	红
平均粒径/nm	185	193	205	210	241	251	273
禁带位置/nm	432	470	497	534	589	608	659

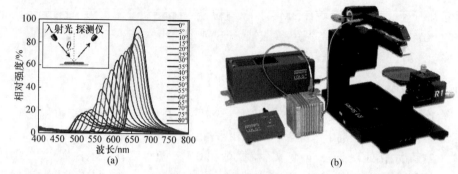

图 18-4　光子晶体禁带的角度依赖性(a)和光学 R1 角分辨光谱仪(b)

(6) 打开光学 R1 角分辨光谱仪操作软件，设置扫描参数等，测试参比，再测试样品，得出样品的角分辨光谱。

五、实验结果与讨论

(1) 比较玻璃基底和疏水化玻璃基底,液滴干燥过程和纳米粒子组装形貌的差异(表 18-2)。

表 18-2　基底和组装条件参数对乳液液滴干燥组装形貌的影响

基底	加热/℃	乳液(4%*)	乳液(4%*)+表面活性剂(SDS 或 CTAB 浓度 5×10⁻⁶～1×10⁻⁴*)
玻璃	—		
玻璃	70		
疏水化玻璃	—		
疏水化玻璃	70		

*浓度为质量分数

(2) 比较同一个基底不同干燥温度下，液滴干燥过程和纳米粒子组装形貌的差异。

(3) 讨论表面活性剂对乳液干燥过程和纳米颗粒组装的影响。

(4) 比较小球粒径对光子晶体带隙的影响，完成表 18-3。

表 18-3　光子晶体带隙的测定

微球粒径			
光子晶体结构色			
光子带隙			

(5) 考察光子晶体带隙的角度依赖性，完成表 18-4。

表 18-4　光子晶体带隙的角度依赖性测定

角度			
光子晶体结构色			
光子带隙			

(6) 在制备的光子晶体阵列上滴入乙醇溶液，观察光子晶体带隙的变化。

六、注意事项

(1) 清洗玻璃基底时，依次用丙酮、乙醇、去离子水冲洗干净，再用氮气吹干；切不可用面巾纸或其他材料直接擦拭。

(2) 实验结束后，仪器归零，清理实验台。

七、思考题

(1) 影响乳液液滴干燥过程和纳米粒子组装的因素有哪些？

(2) 简述光子晶体的颜色的起源。

(3) 影响光子晶体带隙分布的因素有哪些？

(宋延林　李明珠)

实验 19　细胞线粒体中神经酰胺的质谱分析

一、实验目的

(1) 掌握液液萃取方法。

(2) 初步掌握液相色谱-质谱联用方法。

二、实验原理

细胞是生命体活动的基本单元。当前研究发现，细胞增殖、凋亡等过程出现问题，必然会导致疾病。而细胞的增殖和凋亡等过程与细胞亚细胞器组分的改变息息相关，如磷脂酰丝氨酸在细胞膜翻转，以及神经酰胺在线粒体中大量富集等，会导致细胞凋亡等。研究亚细胞器组分改变是当今分析科学的前沿之一，对了解疾病机理、探索疾病治疗靶点具有重要意义。

液相色谱-质谱联用技术是将液相分离系统和质谱检测技术相结合的方法，可以实现复杂样品的分离及在线质谱分析，体现了色谱和质谱优势的互补，在化学、生物化学、药物科学、现代组学、材料科学、环境科学等基础研究领域，以及石油化工、制药工程、环境监测、食品安全检测、法庭科学鉴定等应用领域起到越来越重要的作用。

液相色谱-质谱联用系统主要由液相色谱进样系统、离子源、质量分析器、检测器、仪器控制和数据处理系统及真空系统等组成。其中，离子源主要采用电喷雾离子化、大气压化学离子化等技术；质量分析器主要包括四极质量分析器、飞行时间质量分析器、四极离子阱分析器、轨道阱质量分析器、傅里叶变换离子回旋共振质量分析器，这些质量分析器或者单独使用，或者组合使用，以形成串联质谱，发挥更强大的分析能力。

本实验选用人的药物敏感及耐阿霉素药物的乳腺癌细胞(MCF-7 和 MCF-7/Adr)作为研究对象，利用液相色谱-质谱联用系统研究细胞线粒体中神经酰胺的组分。

三、实验仪器和材料

实验仪器：I-class 液相系统、AB sciex 质谱仪、高速离心机、细胞培养设备、移液枪(20 μL 和 1 mL)、EP 管等。

实验材料：MCF-7 及 MCF-7/Adr 细胞、胰酶。

其他实验试剂及其配制：常用试剂为甲醇、氯仿、PBS、乙腈、异丙醇、二次蒸馏水。制备甲醇、氯仿、水混合溶液，体积比为 1∶1∶0.8。

四、实验步骤

1. 样品处理

(1) 用移液枪轻轻吸去培养皿内的培养基。

(2) 在每个培养皿中加入 2 mL PBS 洗涤细胞，轻轻吸弃 PBS，重复洗涤 3 次；加入 1 mL 胰酶，37℃消化细胞 1 min；加入 2 mL PBS，离心，获取细胞团。

(3) 高速离心，获取线粒体。

(4) 向线粒体样品中内加入 1 mL 甲醇、氯仿、水混合溶液(体积比为 1∶1∶0.8)，振荡，离心，取氯仿相，用氮气吹干，获取神经酰胺。

(5) 向神经酰胺样品中加入 200 μL 甲醇，重溶样品。

(6) 使用液相色谱-质谱联用仪分析样品。

2. 上机

(1) 建立数据采集方法文件。

(2) 选择数据采集批处理文件。

(3) 数据采集。

(4) 数据分析。

液相色谱使用乙腈、异丙醇作为洗脱液。

质谱使用多反应监测模式进行定量分析。

五、实验结果与讨论

(1) 比较质谱参数对信号的影响。

(2) 比较不同细胞中神经酰胺的区别。

六、注意事项

(1) 质谱离子源温度较高，注意不要碰触，以免烫伤。

(2) 液液萃取使用了挥发性组分，要在通风橱中操作。

七、思考题

质谱仪如何实现化合物相对分子质量的测量？

八、参考文献

何美玉. 2002. 现代有机与生物质谱. 北京: 北京大学出版社.

(赵镇文)

实验 20　团簇的制备与化学反应活性测试

一、实验意义和目的

实验制备组成可控的金属氧化物团簇，在线观察团簇中每增加或减少一个原子，其化学反应活性会发生显著的变化，对物质结构及其性质的多样性有一个直观的认识。通过激光溅射方法产生金属氧化物团簇，使用四极质量过滤器纯化出单一质量的团簇并使用离子阱反应器进行收集，然后与气体小分子进行反应，使用飞行时间质谱在线监测反应的产物。学生通过本实验，初步体验激光、真空、分子束、质谱等技术。

二、实验原理

1. 团簇的制备

如图 20-1 和图 20-2 所示，将一束脉冲激光聚焦到做螺线运动的金属靶材上，产生高温金属等离子体，等离子体与脉冲载气中的 O_2 分子发生反应，经载气载带碰撞冷却形成各种组成的金属氧化物团簇离子 $M_xO_y^\pm$，经过超声膨胀，进入下游进行纯化。

2. 团簇的纯化

产生的不同质荷比(m/z)的金属氧化物团簇离子 $M_xO_y^\pm$ 经四极质量过滤器进行纯化。四极质量过滤器由四根叠加有直流电压(DC)和射频电压(RF)的平行圆柱电极杆组成，其中相对的一对电极是等电位的，两对电极之间电位相反。当不同质荷比的金属氧化物团簇离子 $M_xO_y^\pm$ 进入由特定 DC 和 RF 组成的电场时，只有特定质荷比的离子在电场作用下能够做稳定振荡，穿过四极质量过滤器，从而达到纯化金属氧化物团簇离子 $M_xO_y^\pm$ 的目的。

3. 团簇的反应

纯化的金属氧化物团簇离子到达由前、后盖极和六极杆组成的离子阱中。通过对六极杆施加射频和直流电压，前、后盖极上施加直流电压，形成势阱，并通过与离子阱中的氦气碰撞，冷却约束离子，然后与离子阱中反应气(甲烷、乙烷、乙烯、丙烯、一氧化碳等)进行反应，氦气和反应气都通过延迟时间可调的脉冲阀

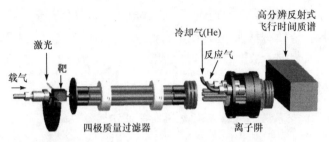

图 20-1 团簇制备、纯化、反应、检测实验原理图

图 20-2 团簇制备、纯化、反应、检测装置实物图

门控制。离子阱的六极杆和前、后盖极上施加的直流电压均以脉冲模式运行，当离子反应一段时间后，将离子通过离子阱的后盖极抛出。

4. 团簇的检测

反应后的反应物和产物离子被抛出后，通过聚焦，进入自行研制的飞行时间质谱的加速电场，进行质荷比和相对强度测量。

5. 飞行时间质谱仪的原理

将离子加速到一定的动能(E)，测量离子飞行一段距离(L)所需的时间(t)，通过式(20-1)确定离子的质荷比(m/z)：

$$m/z = \frac{2Et^2}{L^2} \tag{20-1}$$

三、实验仪器和材料

实验仪器：Nd^{3+}：YAG 激光器、四极质量过滤器、离子阱、飞行时间质谱仪、示波器、脉冲发生器、高压直流电源、射频电源、计算机等。

实验材料：金属靶材(钒或其他金属)、氦气、氧气、氩气、甲烷、乙烷、乙烯、丙烯、一氧化碳、液氮、干冰、乙醇。

四、实验步骤

1. 样品、真空系统、气路及激光的准备工作

1) 金属样品靶材的制备

(1) 裁剪一个与靶托相同尺寸(直径为 16 mm)的圆形金属片，将金属片与靶托黏接形成靶材。

(2) 打开仪器的团簇源腔，安装金属靶，测试靶的转动和平动装置正常后，关闭团簇源腔。

2) 真空系统的准备

在插板阀两侧气压平衡的情况下，打开插板阀，用机械泵预抽腔体，打开电阻规，当真空度显示为 10 Pa 以下时，打开冷却水，再打开分子泵，观察分子泵的转速和工作状态，待其正常运转后，开启电离规，观察并记录电离规的真空度示数。

3) 气路的准备

分别对三个气路(冷却气、载气、反应气)及其他气路进行检漏(可使用正压和负压两种方法)，确保气路的密封性，再将所需要的冷却气(氦气)、载气(氦气与氧气的混合气)及反应气(甲烷、乙烷、乙烯、丙烯和一氧化碳)准备好。使用液氮冷冻冷却气和载气管路，尽量除去两个管路中的水蒸气和其他高沸点杂质。

4) 激光的准备

将激光器预热 30 min，测量激光器的能量，选择合适的能量(>20 mJ)用于金属靶材的溅射，产生团簇。

2. 团簇的制备、纯化、反应、质谱数据的采集

(1) 观察和记录真空电离规的示数变化。当真空电离规的示数达到 5×10^{-5} Pa 左右时，正式开始实验。

(2) 开启示波器，开启仪器的各类电源，给仪器的各个部分供电，加靶浮地电压，四极杆聚焦电压，六极杆聚焦电压，六极杆射频，六极杆浮地电压，前、后盖极电压，引出板电压，加速电极板电压，偏转电压，两个反射电压，然后缓慢地施加微通道板(MCP)探测器的电压至 2000 V。

(3) 将示波器调节到适当的数据采集模式，依次开启靶的开关、冷却气和载气的脉冲开关、激光触发开关。

(4) 调节脉冲信号发生器各个通道的延时，优化团簇产生条件，通过示波器初步判断飞行时间质谱图的效果和团簇质量分布，进一步优化后采集谱图并保存至计算机硬盘。

(5) 对所得到的金属氧化物团簇飞行时间质谱进行质量校准和分析，得到需要纯化团簇离子的飞行时间，对四极杆缓慢地加射频和直流电压，选择出所需要的团簇离子，优化各种实验条件，得到最优的选质谱图，保存至计算机硬盘。

(6) 在以上选质的条件下，使用干冰和乙醇的混合物将反应气管路冷冻除去水等杂质，通入反应气，开启反应气脉冲开关，控制反应气的压力和反应时间，得到所需要的质谱图，保存至计算机硬盘。

3. 关机操作

(1) 关闭激光器触发，关闭三路气体脉冲阀驱动电源触发，关闭载气气瓶，关闭靶运动控制电源。

(2) 断开示波器与 MCP 的连接，依次缓慢地将四极杆的射频和直流电压，MCP 的电压降至 0 V，然后依次将各种电源的电压降至 0 V。

(3) 将冷却气和载气管路从液氮罐中抽出，用氦气将各个管路清洗两遍，然后充上 1~2 atm 氦气，使管路保持正压后，关闭氦气瓶。

(4) 仔细检查电路、气路、光路，确保这些部分正常关闭之后，依次关闭电离真空计、插板阀、涡轮分子泵、电阻规、机械泵、冷却水。

(5) 将示波器上的数据上传至服务器进行备份，关闭示波器，再次检查各路系统是否正常关闭。

五、实验结果与讨论

对飞行时间质谱图进行质量校准，质谱峰的物种归属。分析质谱峰的强度分布，探讨如何优化金属氧化物团簇离子的制备条件。分析纯化的团簇离子与反应气的反应活性。

六、注意事项

(1) 调节激光光路要佩戴护目镜。对光路做适当的保护，严防激光损伤自己和他人。切勿用眼睛直视激光光束。

(2) 开启涡轮分子泵之前，开启冷却水。关机时，确保涡轮分子泵停转之后再关闭冷却水。

(3) 要缓慢调节高压直流电源的输出，确保电压不超过正常值。微通道板探测器的电压不应超过 2000 V。

(4) 在通气时注意电离规的示数不能超过 1×10^{-3} Pa。

七、思考题

(1) 实验中检测到的团簇离子信号强度与哪些因素有关? 如何相关?

(2) 对于团簇离子 $M_xO_y^{\pm}$, 当金属原子的数目(x)确定时, 是否氧原子的数目(y) 越大, 该团簇离子的氧化性越强?

(3) 当团簇离子 $M_xO_y^{\pm}$ 体系中原子的数目很大($x, y \rightarrow \infty$)时, $M_xO_y^{\pm}$ 和 $M_xO_{y\pm1}^{\pm}$ 的化学活性是否相同?

八、参考文献

Wu X N, Xu B, Meng J H, et al. 2012. C—H bond activation by nanosized scandium oxide clusters in gas-phase. Int J Mass Spectrom, 310: 57-64.

Yuan Z, Li Z Y, Zhou Z X, et al. 2014. Thermal reactions of $(V_2O_5)_nO^-$ ($n = 1\sim3$) cluster anions with ethylene and propylene: oxygen atom transfer versus molecular association. J Phys Chem: C, 118: 14967-14976.

Zhang M Q, Zhao Y X, Liu Q Y, et al. 2017. Does each atom count in the reactivity of vanadia nanoclusters? J Am Chem Soc, 139: 342-347.

(何圣贵　刘清宇)

实验 21 流式细胞技术及细胞表面蛋白的定量分析

一、实验目的

(1) 学习掌握流式细胞仪的基本原理和操作。
(2) 掌握显微镜的使用和细胞计数方法。
(3) 学会流式细胞仪数据的处理和分析方法。
(4) 掌握亲和力的测定方法。
(5) 了解核酸适配体的概念及其功能。

二、实验原理

流式细胞技术是一项能快速、精确检测分析单个细胞/粒子多项物理特性的技术，根据细胞/粒子通过激光光束时在液流中的特性，可测定细胞/粒子的大小、密度或内部结构，以及相对的荧光强度(图 21-1)。本实验的基本原理是荧光分子标记的核酸适配体可以特异性地结合细胞表面的靶分子，洗涤去除不结合细胞的核酸适配体，从而获得荧光分子标记的细胞。当荧光分子标记的细胞逐个通过流动室时，流式细胞仪的激光光束激活每个细胞结合的荧光分子，光电倍增管即可检测到从细胞发出的相应荧光。发射荧光的强度代表了特异性结合在细胞表面靶标的核酸适配体的数量，从而也反映了细胞表面相应靶分子的表达情况。

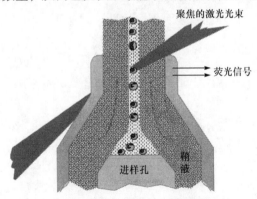

图 21-1 流式细胞仪的基本原理

核酸适配体是通过指数富集的配体系统进化技术(systematic evolution of ligands by exponential enrichment，SELEX)体外筛选获得的可以与靶分子特异性结合的寡核苷酸序列，它的亲和力与特异性可与单克隆抗体相媲美。另外，核酸适配体相比于单克隆抗体具有以下特点：可体外筛选，靶分子范围广，相对分子质量较小，无免疫源性、无毒性，可通过化学合成制备、改造与标记，化学稳定性好，具有可逆变性与复性，可通过酶扩增、剪切等。

本实验第一部分是利用流式细胞技术测定核酸适配体与靶细胞的亲和力。亲和力是指生物分子与其配体之间相互结合的强度，一般是通过平衡解离常数(K_d)表示其亲和力。K_d 值越小，配体与其靶标的结合亲和力越大。对于双分子结合模式，$K_d=$ [A][B]/[AB]；而对于核酸适配体与靶细胞的结合，细胞(B)的结合比例=[AB]/([B]+ [AB])=1/([B]/[AB]+1)=1/(K_d/[A]+1)=[A]/(K_d+[A])。其中，细胞(B)的结合比例也等于细胞结合核酸适配体的平均荧光强度(Y)/细胞结合核酸适配体的最大荧光值(B_{max})，而核酸适配体的浓度[A]被认为是加入的核酸适配体的浓度，因此 $Y=B_{max}$[A]/(K_d+[A])。固定细胞的个数，在不同的核酸适配体浓度条件下，测得细胞结合核酸适配体后的平均荧光强度，根据公式 $Y=B_{max}$[A]/(K_d+[A])拟合获得 K_d 值。

第二部分是利用流式细胞技术对细胞表面蛋白进行定量分析。其原理是在一定数量的链霉亲和素修饰的 PS 微球悬浮液中加入不同量的针对特定靶蛋白的核酸适配体(一端生物素标记，另一端荧光标记)，核酸适配体与 PS 微球通过生物素-链霉亲和素结合，然后用流式细胞仪检测 PS 微球表面的荧光强度。根据加入核酸适配体的量计算出每个 PS 微球上核酸适配体的数目，绘制出微球上核酸适配体的数目与荧光强度的标准曲线。然后，在一定数量的细胞悬液中加入过量的荧光标记核酸适配体，核酸适配体与细胞表面上特定靶蛋白结合，通过流式细胞仪收集细胞相关光学信息，将荧光强度代入上述标准曲线计算结合在细胞表面上的核酸适配体数目，从而得到细胞表面蛋白的量。

三、实验仪器和材料

实验仪器：流式细胞仪、显微镜、微量紫外仪、水平离心机、移液枪、细胞计数板等。

实验材料：肿瘤细胞、链霉亲和素修饰的 PS 微球、无水乙醇或 95%乙醇、结合缓冲液、洗涤缓冲液。

四、实验步骤

1. 核酸适配体定量

利用微量紫外仪测定核酸适配体在 260 nm 的吸收，根据摩尔吸光系数计算其浓度。

2. PS 微球的计数

(1) 用无水乙醇或 95%乙醇溶液擦净细胞计数板，再将一张盖玻片擦净，将其覆在细胞计数板上面。

(2) 计算细胞计数板的四角大方格(每个大方格又分 16 个小方格)内的微球数；计数时，只计数完整的微球，若微球聚成一团则按一个微球进行计数。在一个大方格中，如果有微球位于线上，一般计下线微球不计上线微球，计左线微球不计右线微球；两次重复计数误差不应超过±5%。

(3) 计数完成后，需换算出每毫升悬液中的微球数。细胞计数板中每一方格的面积为 1 mm^2，高为 0.1 mm，则其体积为 0.1 mm^3。1 mL=1000 mm^3，所以每一大方格内微球数×10 000=微球数/mL，故可按下式计算：

微球悬液微球数/mL=4 个大格微球总数×10 000/4

若计数前已稀释，再乘以稀释倍数。微球计数后，计算微球悬液浓度。

3. 核酸适配体 K_d 值的测定

不同浓度的核酸适配体与 $2×10^5$/mL 细胞在结合缓冲液中冰上孵育 30min，离心去掉上清液，用洗涤缓冲溶液洗涤一次；重悬细胞后，用流式细胞仪测定其荧光强度，根据公式 $Y= B_{max}[A]/(K_d+[A])$ 拟合曲线，获得 K_d 值。

4. PS 微球流式细胞仪测定

一定数量的微球分别与不同浓度的核酸适配体孵育 30 min(微球过量)，计算微球表面核酸适配体数目；然后用流式细胞仪测定其荧光强度，绘制微球上核酸适配体数目与荧光强度的标准曲线。

5. 细胞表面蛋白数目的测定

将一定数量的细胞与过量的核酸适配体在结合缓冲液中冰上孵育 30 min，离心去掉上清液，用缓冲液洗涤一次；重悬细胞后，在上述条件不变的情况下，用流式细胞仪测定其荧光强度，根据上述标准曲线获得细胞膜表面蛋白表达数目。

五、实验结果与讨论

(1) 哪些因素可能影响 K_d 值的准确性？

(2) 为什么标准曲线中微球过量，而细胞结合实验中核酸适配体过量？

(3) 哪些因素影响细胞膜表面蛋白定量？如何降低这些因素的影响？

六、注意事项

(1) 微球的计数、DNA 定量要准确。

(2) 流式细胞仪的开机、关机操作。

(3) 流式细胞仪仪器设置条件相同。

(4) 肿瘤细胞的操作要规范。

七、思考题

(1) 为什么核酸适配体两端分别标记荧光分子和生物素？

(2) 如何实现细胞膜表面多个蛋白的同时检测？

(3) 在本实验中核酸适配体较抗体具有哪些优势？

八、参考文献

陈朱波, 曹雪涛. 2010. 流式细胞术——原理、操作及应用. 北京: 科学出版社.

Shangguan D, Li Y, Tang Z, et al. 2006. Aptamers evolved from live cells as effective molecular probes for cancer study. Proc Natl Acad Sci USA. 103: 11838-11843.

(郗　涛)

实验 22 利用 X 射线散射技术研究高分子有序结构

一、实验目的

(1) 理解 X 射线散射技术原理，掌握实验测试方法。
(2) 掌握 X 射线散射图谱的分析方法。
(3) 了解 X 射线散射技术在高分子材料研究中的应用。

二、实验原理

1. X 射线的产生

X 射线又称 X 光，是指波长为 $10^{-2} \sim 10^2$ Å 的电磁波，是伦琴在 1895 年利用加速电子轰击金属(钼、钨、铜等)靶得到的。因为这一伟大的发现，伦琴获得了 1901 年诺贝尔物理学奖。

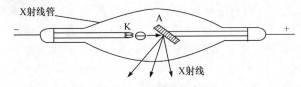

图 22-1 X 射线的产生

K 是阴极，A 是阳极，A 与 K 之间加几万伏高压，以加速阴极发射的电子，高速轰击阳极处的金属靶，从而产生 X 射线

X 射线衍射是当今研究物质微观结构的主要方法。在物质的微观结构中，原子和分子的距离(1～10 Å)正好在 X 射线的波长范围内，所以物质(尤其是晶体)对 X 射线的散射和衍射能够传递极为丰富的微观结构信息。在各种测量工具中，X 射线衍射方法不损伤样品、无污染、环境要求低、快捷、测量精度高，能得到有关物质的晶体结构、相成分、结晶完整性、晶粒取向、晶粒尺寸和分布、应变、薄膜厚度和表界面粗糙度等信息。这些优点使得 X 射线衍射分析成为研究物质微观结构的最方便、最重要的手段。迄今为止，超过 95% 的物质结构都是依靠 X 射线衍射方法解析出来的。

2. 高分子结晶的特点

晶体是由原子、离子或分子在三维空间周期性排列构成的固体物质。被一个空间点阵贯穿始终的固体称为单晶体，许多个单晶体按照不同取向聚集而成的固体称为多晶体。

晶体可以看作是点阵加结构基元构成的。对于低分子物质，结构基元可以是原子、离子或分子；对于高分子聚合物，结构基元指的是高分子"链段"。

聚合物高分子链是以链段排入晶胞的，一个高分子链可以穿过若干个晶胞。X 射线测得聚合物的晶胞尺寸就是高分子链段的长度。高分子结晶通常以折叠链片晶的形式存在。

3. 高分子 X 射线衍射

当一束 X 射线入射到高分子晶体样品时，其相互作用过程相当复杂，按照能量转换及守恒定律，大致可以分为三个方面：被散射、被吸收、被透过。

散射是指光线通过物质时偏离原来传播方向的现象。根据不同的分类方法，散射可以分为弹性散射、非弹性散射、相干散射、非相干散射、共振散射、非共振散射等。

X 射线中的经典散射就是弹性散射，也称为汤姆逊散射，属于相干散射。这种散射是衍射的工作基础，是期望收集到的衍射强度，非相干散射会造成背景，给衍射带来困难。

仅考虑相干散射，当一束单色 X 射线入射到晶体时，由于晶体是原子有序排列成的晶胞组成的，这些有序排列的原子间的距离和入射 X 射线波长具有相同的数量级，因此不同原子衍射的 X 射线相互干涉叠加，在某些特殊的方向上产生强的 X 射线衍射，衍射方向与晶胞的形状和大小有关，衍射强度则与原子在晶胞中的排列方式有关。

根据 X 射线强度理论，对于多晶粉末样品，某 hkl 衍射面的累积强度一般要考虑以下几个因素：①偏振因子 $\left(\dfrac{1+\cos^2 2\theta}{2}\right)$；②洛伦兹因子 $\left(\dfrac{1}{4\sin^2\theta\cos\theta}\right)$；③温度因子（$e^{-2M}$）；④原子散射因子（$f$）；⑤结构因子（$F_{hkl}$）；⑥多重性因子（$P_{hkl}$）；⑦吸收因子[$A(\theta)$]。综合上述因素的影响，可以导出多晶粉末衍射某晶面（hkl）的衍射强度：

$$I_{hkl} = I_0 \frac{\lambda^3}{32\pi r} \times \frac{e^4}{m^2 c^4} V_c^2 V P_{hkl} \left|F_{hkl}\right|^2 L_p A(\theta) e^{-2M} \tag{22-1}$$

式中，I_0 为入射 X 射线强度；λ 为 X 射线波长；r 为试样到探测器上 hkl 衍射环间距离；e 为电子电荷；m 为电子质量；c 为光速；V_c 为单位体积内晶胞数目；V 为试样的体积；L_p 为偏振因子与洛伦兹因子的乘积。结构因子与原子在晶胞中的位置相关，是决定衍射强度最重要的因素。

衍射只发生在特定的方向，对于衍射方向的判断来说，最重要的公式是布拉格(Bragg)公式和劳厄(Laue)公式。为了简化,考虑二维点阵的情况,如图 22-2 所示。

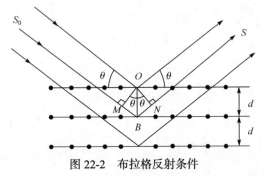

图 22-2　布拉格反射条件

X 衍射线可以看作在是沿某个行原子组成的晶面的镜面反射,这样就可以推导出晶体反射的布拉格条件。X 射线通过两个相邻的平面后,其光程差可以表示为

$$\Delta = MB + BN = 2d \sin \theta \tag{22-2}$$

通过相邻平面 X 射线光程差,如果是波长 λ 的整数倍会发生累加,如果光程差不等于波长的整数倍则会互相抵消(考虑晶面排列成无数层)。因此,发生衍射的条件为

$$2d \sin \theta = n\lambda \qquad (n = 1, 2, 3, \cdots) \tag{22-3}$$

式中,d 为原子面间距,即晶面间距;θ 为 X 射线和平面间夹角;λ 为 X 射线的波长。

劳厄公式从另一个角度出发,如果 X 射线入射到一维点阵上,如图 22-3 所示。

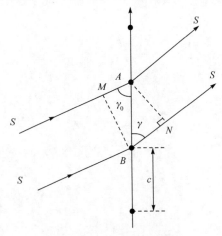

图 22-3　一维原子列衍射

某一方向加强条件,即其光程差是波长的整数倍:

$$\Delta = BN - AM = c(\cos \gamma - \cos \gamma_0) = l\lambda \tag{22-4}$$

三维晶体需要考虑三个方向均满足相干增强条件：

$$a(\cos\alpha - \cos\alpha_0) = h\lambda$$
$$b(\cos\beta - \cos\beta_0) = k\lambda$$
$$c(\cos\gamma - \cos\gamma_0) = l\lambda$$

可以证明，布拉格公式和劳厄公式是等价的。

4. Xenocs X 射线系统

Xenocs X 射线系统的整体构造如图 22-4 所示，从左到右依次是 X 射线发射源、样品腔及探测器。

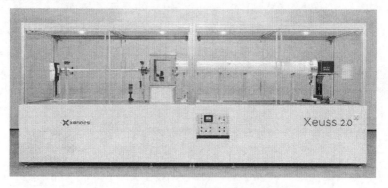

图 22-4　Xenocs X 射线系统的整体构造

图 22-5 为 Xenocs X 射线发射源外形图，通过高能电子轰击铜靶得到 X 射线，波长是 1.54 Å。

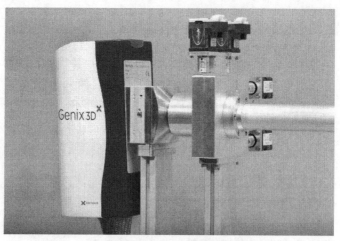

图 22-5　Xenocs X 射线发射源

图 22-6 为 Xenocs X 射线系统的样品腔，通过更换不同的样品架，可以实现透射、掠入射等模式，样品腔可以抽真空，尽量减小背底的散射强度，提高信噪比。

图 22-6　Xenocs X 射线系统的样品腔

图 22-7 为 Xenocs X 射线系统的探测器，可以采集信号，并在计算机上显示二维图像。

图 22-7　Xenocs X 射线系统的探测器

三、实验仪器和材料

实验仪器：Xenocs X 射线系统。

实验材料：高分子材料。

四、实验步骤

1. 制样

(1) 薄膜样品：一般制成大小 1 cm×1 cm，厚度 0.5～1.0 mm。

(2) 粉末样品：粉末样品包裹在两片 3M 胶带之间。

(3) 纤维样品：将纤维平行排列成束，将其两端固定，保证每根纤维之间互相平行。

注意事项：样品厚度依样品吸收率而定，太薄则散射信号弱，过厚则吸收太强烈。要保证样品的纯度，不能有杂质混入。

2. 仪器操作

开机前，先确定仪器状态。夏天空气湿度高，探测器不工作，下面的绿灯就会变成红灯(图 22-8)。这时需要等空气湿度降下来，红灯转绿，才能开机进行实验。

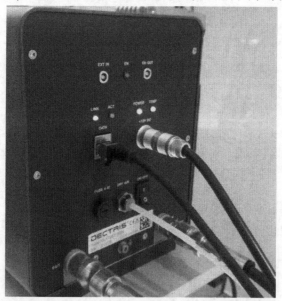

图 22-8　Xenocs X 射线系统的探测器背面指示灯结构

1) 开机，打开相关软件

(1) 点击✖，打开数据采集软件 SPECfe，在图形界面出现的同时，打开的还有它的编辑器 SAXS: wish-konsole。等待编辑器显示 SAXS>Π。

(2) 点击 D0(0 代表 SAXS)打开 SAXS 探测器。等待检测器软件完全开启，完全开启后检测器窗口会自动关闭。

如果使用 WAXS 探测器，点击 D_1(1 代表 WAXS)。打开 D_1 时，需在出现的窗口中输入密码 Pilatus2。

(3) 点击 ，打开数据处理软件 Foxtrot。

(4) 点击 ，打开样品架摄像头，出现摄像头窗口。如未出现摄像头窗口，关闭弹出的对话框，左边选项选 "Device" 下面的 "Video capture"，然后点击右边出现的 "USBTV"。

2) 样品架的定位

透射模式要用到图示的样品架，X 射线需要穿过图 22-9 中的小孔。同样，样品也需要贴在这个小孔处。

(1) 粗调：摆好样品定位架后，在 SPECfe 界面，选择 "Sample" 窗口。在 "Sample Motors" 栏，通过调整 X 和 Z 的数值，根据目测使样品定位架中心孔基本在 X 射线路径上。

(2) 细调：在 "Alignment" 窗口 "Motor" 栏选择 X，"Start" 输入 –2，"Finish" 输入 2(数值视具体情况而定)，"Intervals" 输入 30，"Time" 输入 0.1。

图 22-9　Xenocs X 射线系统的样品架

点击 "Open Shutter"，然后点击 "Scan"，开始扫描。同时打开 "Graph1" 观察检测到的 X 射线强度变化。此时 X 射线强度应在 –1~1 有最大值平台，其中间位置应在 0 处附近。若有偏差，将光标定位在平台的中间位置，点击右键，此时显示中间位置 X 坐标。点击 "move x to XXX 数值"，然后回到 "Sample" 窗口。由于滞后，新的 X 值还未显示，直接点击 X 后面 "Settings" 栏，输入 0，点击 "Change"，"Close"，此时的位置即为新的零点。采用同样的操作对 Z 定位归零。

扫描结束后点击 "Close Shutter"(切记一定要点击 "Close Shutter"，否则下一步扫描时会出错；点击 "Abort" 后也需点击 "Close Shutter")。

3) 装样

用聚酰亚胺胶带把样品粘在样品架上，注意胶带不要粘在通光孔处，让 X 射线只通过样品。关闭样品腔门和玻璃门，准备采样。

4) 采样

(1) 进入 Acquisition 窗口。点击 "Saving options" 选择保存文件夹位置，如

/data0/images/课题组长 Name。

(2) 在 "Exper.name" 栏输入本系列实验名称，以日期开头，中间可输入相关信息，如 20160326PP。该名称会生成一个子文件夹，随后的所有测试数据都会保存在该文件夹 "/data0/images/课题组长 Name/20160326PP" 中。

(3) 在 "Next Img Number" 输入 1，以后每次采集会按顺序自动编号。

(4) 根据样品需要的时间在 "Standard" 处 "Exposure Time" 输入时间，点击 "Acquire" 开始测试，红灯亮起。

5) 数据处理

采样结束后，可以在计算机屏幕上看到样品的二维散射图，需要做如下校正和数据处理。

(1) 确定光斑的中心。

(i) 确定没有样品挡在光路上。

(ii) "Acquisition" 窗口，在 Direct beam 栏点击 "Take"。此时 "Beam stop" 会自动移开，曝光 0.1 s，再移回。

(iii) 在数据处理软件 "Foxtrot" 中找到该测试文件，点击该文件，出现光斑的二维图。

(iv) 通过 改变二维图的对比度。

(v) 点击 放大光斑， 中选方框包含全部光斑， Operations ，"Center of Mass"。在右边 Operation Tree 下自动出现结果文件。点击该文件，"Display in the main chart"，一维图中出现两个点，下面点为 X 坐标，上面点为 Z 坐标。在图中点击右键，"Show table"，"Select all"，下方 "Graph data" 中出现坐标值。

(vi) 点击 Edit，"Edit context data"，显示如下：

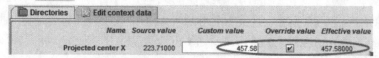

在 "Custom value" 处输入新的 X 和 Z 值，"Override value" 处打√，点击 Apply，此时 "Effective value" 处显示最新值。

(vii) 点击 "Show Projected center"，出现一个 "十" 字，即新标定的光斑中心，可核对是否吻合。

(viii) 回到左边 "SPECfe"，"Settings"，"Change values"，在 X 和 Z 处输入新的值，OK。

(2) 测量样品到探测器的距离(SD)值。

(i) 将标准样 silver behenate 放入光路中。

(ii) 按样品架定位方式确认样品是否在光路中间位置。

(iii) Acquisition 窗口，Standard 模式，Exposure time 30 s，Number 1，Acquire。

(iv) 在数据处理软件 Foxtrot 中找到该测试文件，点击该文件，出现二维图。

(v) 所有二维图在积分前都需要 Masking：Masking 的目的是扣除非样品本身带来的散射强度区域，如 Beamstop、检测器本身噪点、检测器过渡区等，使这部分区域不参与积分。

(vi) 点击"Mask"栏 ，选中"Threshold Mask"，最小值输入 0；最大值输入 1000～10 000 等数值，该值须大于样品散射强度最大值。点击"Apply"，这时只剩下 Beamstop(它的强度值为−1)。点击 放大 Beamstop 区域，再用 中多边形沿 Beamstop 边缘画一个多边形。在 中选择"Add to Mask"。这样，全部 Mask 就做好了。"Mask"栏选"Save mask as"，将该 Mask 保存。

(vii) 在后面的测试中，如果除样品外其他条件都没有变化，该 Mask 不会变化，因此可在测样品时"Mask"栏选"Load mask"直接调用该 Mask 进行处理。

(viii) Mask 完成后，点击"Operation"，"Circle gathering"核对有关参数，点击"Apply"。此时，2D 图像积分转化成 1D 曲线，在右边出现积分结果文件。点击该文件，图中出现散射曲线。选择第一个峰，按住 Ctrl 键，同时选中峰的最高点，读出 q 值。

(ix) 回到编辑器 SAXS：wish-konsole 中输入命令：calc_dist 空格初设 SD 值空格实测 q 值真实 q 值(0.107 Å^{-1})。回车，得到真实 SD，在参数设置中输入最新的 SD。

(3) 曲线积分。

(i) Mask：调用校正时的 Mask 进行处理，"Load mask"。

(ii) 点击"Operation"，"Circle gathering"，"Apply"，即可得到以角度 2θ 或 q 值为横坐标，强度为纵坐标的衍射曲线。

6) 关机

把开始打开的软件全部关闭，关闭计算机即可(一般情况下不用关机，除非仪器将长时间停止使用)。

五、实验结果与讨论

(1) 观察衍射二维图和一维曲线。

(2) 观察曲线上衍射峰的位置和强度。

(3) 选择适合的模型进行拟合、计算。

六、注意事项

(1) 制样时要注意避免杂质混入，SAXS 样品尽量保证厚度均匀，没有气泡。

(2) 测试前需要确认仪器状态，如果空气湿度高于 30%，探测器无法工作。

(3) 样品架处含有多个马达和传感器，调节时需小心，防止碰撞，造成机械和电路损坏。

(4) 玻璃门有位置传感器，shutter 必须在玻璃门关闭情况下才能打开。

(5) 实验过程中不能打开玻璃门，为了实验人员的安全，shutter 会自动关闭。

(6) 单个样品扫描时间最长 2000 s，更长的采集时间应设置多次扫描。

七、思考题

(1) 为什么 X 射线散射技术能测定高分子材料的结晶结构和有序结构？
(2) 广角散射和小角散射实验设置有什么区别？
(3) 影响衍射强度的因素有哪些？
(4) 原始实验数据包含背景散射，来源有哪些？

八、参考文献

莫志深, 张宏放. 2003. 晶态聚合物结构和 X 射线衍射. 北京: 科学出版社.
Warren B E. 1990. X-ray Diffraction. New York: Dover Publications.

九、附表

样品到探测器的距离 (SD 值) 决定了散射角的大小 (q 值范围，$q = 4n\sin\theta/\lambda$)，在本实验中可以通过移动探测器调节。参考表 22-1，可以根据样品的性质选择合适的距离。

表 22-1　样品到探测器的距离(SD)与散射角的大小及最终 q 值范围的对应关系

仪器型号	SD/mm	管道选择/mm	q_{min}/nm^{-1}	q_{max}/nm^{-1}	特征尺寸/nm
5 m	约 2500	180+650+1300	0.042	2.21	2.8~150
	约 2320	650+1300	0.044	2.38	2.6~142
	约 1850	180+1300	0.055	2.98	2.1~114
	约 1670	1300	0.061	3.30	1.9~103
5 m & 3 m	约 1200	180+650	0.085	4.58	1.4~73
	约 1020	650	0.10	5.38	1.2~63
	约 550	180	0.18	9.8	0.64~34
	约 370	—	0.27	14.2	0.44~23

(王笃金)

实验 23 功能化纤维素材料的均相合成与表征

一、实验意义和目的

纤维素作为自然界中储量最大的天然高分子，是未来世界能源与化工的主要原料。纤维素衍生物应用广泛，在食品、石油、纺织、涂料、生物医用和环境保护等方面具有重要应用。由于缺乏纤维素的有效溶剂，传统的纤维素衍生物的工业化生产方法基本采用固、液两相-两步法工艺制备。这种方法存在工艺复杂、产物性质均一性差、结构控制困难、纤维素降解严重、试剂和催化剂消耗量大、能耗高等缺点。基于高效纤维素溶剂的均相法合成纤维素衍生物是克服上述非均相工艺问题的有效途径，具有重要的学术价值和应用前景，是近年来纤维素化学的研究前沿。离子液体(ILs)是过去 20 年间发展起来的一类新型溶剂体系，其熔点一般低于 100℃或接近室温，是完全由离子组成的液体。离子液体具有诸多独特的优点：蒸气压极低甚至可忽略不计、热稳定性和化学稳定性高、溶解能力强、结构和性质易于调节、易回收且不易燃等。离子液体的上述优点使其成为继超临界二氧化碳和水体系之后又一重要绿色溶剂体系，在当今绿色化学和材料学领域的应用得到广泛研究。特别是对于天然未改性纤维素，一些结构的离子液体表现出极其出色的溶解能力。以离子液体作为溶剂，人们已经成功并高效地制备了包括纤维、薄膜、水凝胶、气凝胶、复合材料等各种类型的再生纤维素材料。更重要的是，离子液体是无水体系、无活泼氢、化学和热稳定性好，而且易于回收，因此已经被广泛地用作一种高效的纤维素均相衍生化介质，均相制备合成各种纤维素衍生物。以离子液体为介质，几乎所有传统型纤维素酯都已经合成出来；同时，一些新型、功能性纤维素酯和新奇的制备方法不断被提出和实现，特别是适合工业化的合成方法、农业废弃物的酯化利用等，极大地拓展了纤维素资源的应用领域，促进了纤维素化学的发展。

本实验主要了解纤维素均相衍生化的反应过程，制备具有固态荧光性能的纤维素衍生物，表征和分析纤维素衍生物的结构。学生通过本实验的学习，了解纤维素功能材料的均相合成原理；掌握通过均相反应合成纤维素衍生物的基本方法和实验技能。

二、实验原理

传统非均相法合成纤维素衍生物，如硝化棉、醋酸纤维素(CA)等，需用羧酸对纤维素进行预活化，然后在硫酸催化下与酸酐或羧酸进行反应，反应在固、液两相界面上进行，得到的纤维素衍生物溶于羧酸中，从而暴露出新的反应面，继续反应、再溶解，直至纤维素完全反应，形成均相溶液。反应结束后，通常得到全取代的纤维素衍生物，再进行酸催化水解过程，得到部分取代的纤维素衍生物。醋酸纤维素的非均相合成路线如图 23-1 所示。

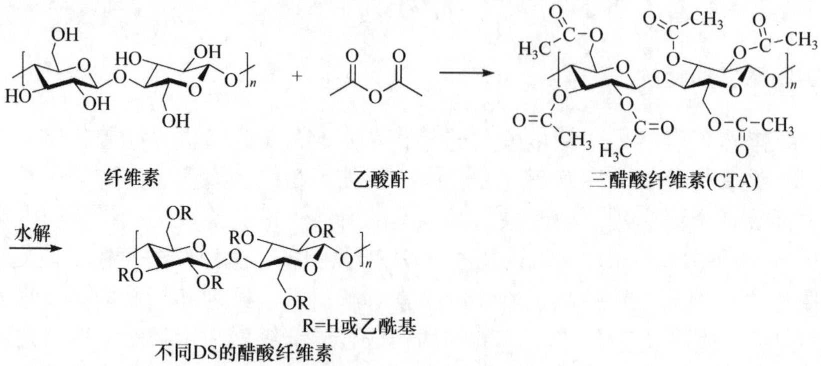

图 23-1　醋酸纤维素的非均相合成路线

与非均相法相比，均相法简单、易行，使用纤维素溶剂(如离子液体、DMAc/LiCl 等)溶解纤维素，得到纤维素溶液。然后，向纤维素溶液中加入酰化试剂，通常不需催化剂，控制酰化试剂类型、投料比、反应温度和反应时间，即可得到目标取代度的纤维素衍生物。纤维素衍生物的均相合成路线如图 23-2 和图 23-3 所示。

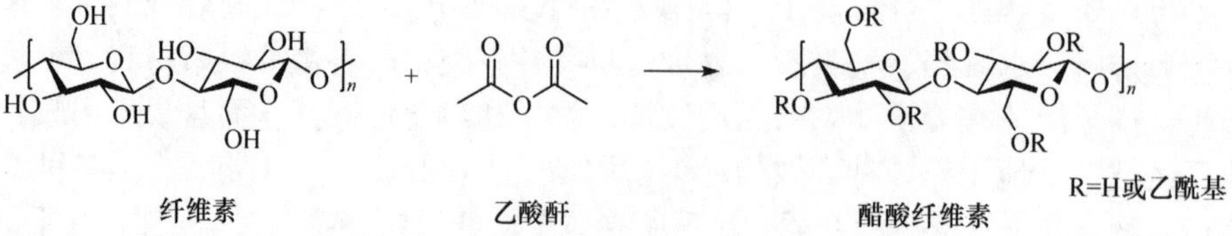

图 23-2　醋酸纤维素的均相合成路线

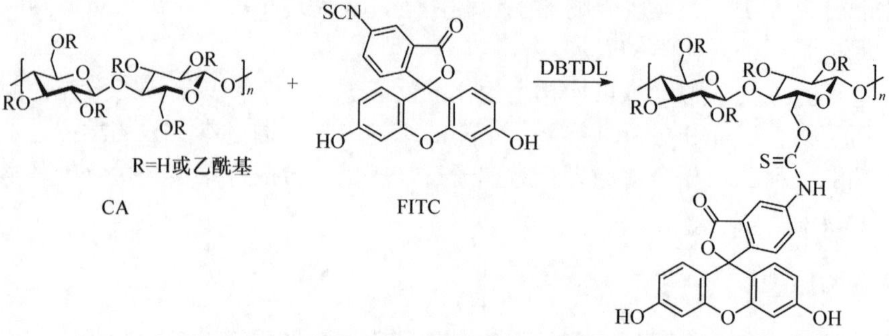

图 23-3　纤维素基荧光材料的合成路线

三、实验仪器和材料

实验仪器：三口烧瓶、G4 砂芯漏斗、烧杯、机械搅拌器、磁力搅拌器、油浴、烘箱、核磁共振谱仪(NMR)、红外光谱仪(IR)、凝胶渗透色谱(GPC)、热失重分析仪(TGA)、差示扫描量热仪(DSC)。

实验材料：纤维素、离子液体 1-烯丙基-3-甲基咪唑氯盐(AmimCl)、醋酸纤维素、乙酸酐、甲醇、二甲基亚砜、异硫氰酸酯荧光素(FITC)、N,N-二甲基甲酰胺(DMF)、二月桂酸二丁基锡(DBTDL)、乙醚等。

四、实验步骤

1. 准备工作

纤维素、醋酸纤维素和离子液体需预先干燥待用(由课题组预先完成)。

2. 纤维素/离子液体溶液制备

称取 9.5 g 离子液体 AmimCl 置于 50 mL 三口烧瓶中，称取 0.5 g 纤维素倒入盛有 AmimCl 的三口烧瓶中，搅拌均匀，置于 60℃油浴中，机械搅拌 1 h，得到透明溶液，即纤维素/离子液体溶液。

3. 均相法合成醋酸纤维素

在上述制备好的纤维素/离子液体溶液中加入一定量乙酸酐(需根据乙酸酐与脱水葡萄糖单元的比例计算)，机械搅拌一定时间。将三口烧瓶升出油浴，向反应体系中加入 3～5 mL 甲醇(降低体系黏度)，搅拌均匀，将反应液倒入 100 mL 甲醇中沉淀，搅拌 0.5 h，过滤，将滤饼置于甲醇中搅拌洗涤 0.5 h，再次过滤，滤饼置于 50 mL 烧杯中，放入烘箱干燥，得到粗产品。将干燥的粗产品用二甲基亚砜溶解，用甲醇沉淀，过滤、甲醇洗涤、再过滤，烘箱干燥，得到最终产品，称量。

4. 均相法合成荧光纤维素

将 0.1 g FITC 溶于 10 mL 绝干 DMF 中，备用;将 1.0 g 醋酸纤维素溶于 15 mL 绝干 DMF 中，向其中加入 2 mL 二月桂酸二丁基锡(DBTDL)作为催化剂，100℃ 下将 FITC/DMF 溶液倒入 CA/DMF 溶液中，在氮气保护下回流 3 h。将溶液直接倒入甲醇中沉淀、过滤，用乙醚和水依次洗涤，冷冻干燥后可获得黄色样品，称量。

5. 聚合产物结构和性能表征(演示参观部分)

产物的结构表征：采用 ¹H-NMR、IR、GPC、TGA 和 DSC 等。

纤维素衍生物的溶解实验：考察纤维素衍生物在溶剂中的溶解性。

纤维素衍生物的成膜实验：成膜产物。

纤维素衍生物的荧光性能：荧光光谱和荧光观察。

五、实验结果与讨论

记录两类纤维素均相衍生化的实验现象；根据最终产品质量计算产率；通过核磁共振氢谱、红外谱图和 GPC 谱图分析产物结构；通过性能表征实验，明确纤维素衍生物的溶解性、成型性、热行为和荧光性能。

六、注意事项

本实验为纤维素酯化反应，酯化试剂对环境水含量比较敏感，所有暴露在空气中的操作过程需要尽快完成，以减少环境水汽对实验的影响。

七、思考题

(1) 纤维素为什么难溶解在普通溶剂中？

(2) 均相法与非均相法合成的醋酸纤维素在结构上有什么不同？

(3) 均相法合成纤维素衍生物的优点有哪些？

八、参考文献

Fox S C, Li B, Xu D Q, et al. 2011. Regioselective esterification and etherification of cellulose: a review. Biomacromolecules, 12: 1956-1972.

Heinze T, Liebert T. 2001. Unconventional methods in cellulose functionalization. Prog Polym Sci, 26: 1689-1762.

Lv Y X, Zhang J M, Wang J F, et al. 2016. Comparative study on structure and properties of cellulose acetate synthesized by homogeneous and heterogeneous acetylation. Acta Polymerica Sinica, 3: 324-329.

Tian W G, Zhang J M, Yu J, et al. 2018. Phototunable full-color emission of cellulose-based dynamic fluorescent materials. Adv Funct Mater, 28: 1703548.

Zhang J M, Chen W, Feng Y, et al. 2015. Homogeneous esterification of cellulose in room temperature ionic liquids. Polymer International, 64: 963-970.

Zhang J M, Wu J, Yu J, et al. 2017. Application of ionic liquids for dissolving cellulose and fabricating cellulose-based materials: state of the art and future trends. Mater Chem Front, 1: 1273-1290.

(张　军　张金明)

实验 24　无皂乳液聚合制备单分散聚合物胶体颗粒

一、实验目的

(1) 掌握无皂乳液聚合反应机理及单分散聚合物胶体颗粒合成操作。

(2) 了解聚合物胶体颗粒基本表征手段。

二、实验原理

1. 自由基聚合反应

自由基聚合(free radical polymerization)属于加成聚合,是一类通过自由基引发单体聚合,使高分子链不断增长(链生长)的聚合反应。自由基聚合反应是连锁反应(chain reaction)的一种,主要涉及三个基元反应,即链引发(chain initiation)、链增长(chain propagation)和链终止(chain termination),分别表述为

链引发:

$$R\cdot + M = RM\cdot \tag{24-1}$$

链增长:

$$RM\cdot \longrightarrow RMM\cdot \longrightarrow \cdots \longrightarrow RM_n\cdot \tag{24-2}$$

链终止:

$$RM_X\cdot + RM_Y\cdot \longrightarrow RM_XM_Y \quad (\text{失活的聚合物}) \tag{24-3}$$

式中,$R\cdot$ 为自由基活性中心,通常由引发剂分解产生;M 为单体,$R\cdot$ 与单体双键发生加成反应产生单体自由基 $RM\cdot$,单体自由基不断与单体反应产生长链自由基 $RM_n\cdot$,而 $RM_n\cdot$ 可以通过多种途径发生链终止反应,如双基终止[式(24-3)],或者与初级自由基作用而终止等,最终使聚合反应停止。

2. 引发剂

用于自由基聚合的引发剂体系有许多种,其中常用的引发剂包括偶氮类化合物、过硫酸盐及氧化还原引发剂体系,分别按如下反应分解产生自由基。

(1) 过氧化二苯甲酰(benzoyl peroxide,BPO)。

(2) 偶氮二异丁腈(2,2'-azobisisobutyronitrile，AIBN)。

$$H_3C-\underset{\underset{CN}{|}}{\overset{\overset{CH_3}{|}}{C}}-N=N-\underset{\underset{CN}{|}}{\overset{\overset{CH_3}{|}}{C}}-CH_3 \longrightarrow 2H_3C-\underset{\underset{CN}{|}}{\overset{\overset{CH_3}{|}}{C}}\cdot \ +N_2$$

(3) 过硫酸钾(potassium persulfate，KPS)。

$$^-O-\overset{\overset{O}{\|}}{\underset{\underset{O}{\|}}{S}}-O-O-\overset{\overset{O}{\|}}{\underset{\underset{O}{\|}}{S}}-O^- \longrightarrow 2^-O-\overset{\overset{O}{\|}}{\underset{\underset{O}{\|}}{S}}-O\cdot$$

(4) 氧化还原体系。

$$H_2O_2 + Fe^{2+} \longrightarrow OH^- + Fe^{3+} + \cdot OH$$
$$S_2O_8^{2-} + Fe^{2+} \longrightarrow SO_4^{2-} + Fe^{3+} + SO_4^-\cdot$$

引发剂在聚合体系中是在一定温度下逐渐分解的，其分解速率可以表述为

$$-d[I]/dt = k_d[I] \tag{24-4}$$

式中，[I]为引发剂浓度；k_d为引发剂分解速率常数，常用引发剂的k_d为$10^{-6} \sim 10^{-4}\,s^{-1}$。对式(24-4)积分可得

$$\ln([I]/[I]_0) = -k_d t \tag{24-5}$$

引发剂的分解速率常用半衰期($t_{1/2}$)表征，根据式(24-5)可知

$$t_{1/2} = \ln 2/k_d = 0.693/k_d \tag{24-6}$$

除了上述引发体系以外，自由基聚合反应还可以通过热引发、光引发或辐射引发的方式进行。因此，聚合反应的单体需要避光、低温保存。实际上，为了避免单体在运输和保存期间发生聚合，通常在单体中添加一定量[小于0.1%(质量分数)]的阻聚剂(polymerization inhibitor)，如对苯二酚、对甲氧基苯酚等。

3. 单体

大多数烯类分子均可以进行自由聚合反应，但是其聚合能力取决于取代基团是否存在，以及取代基的性质、数目、位置等。乙烯作为最简单的烯烃，由于其结构高度对称，偶极矩为零，自由基聚合需在高温、高压条件下才能进行。若单体分子中有吸电子基团，如氰基(—CN)、酯基[—C(O)OR]、酰胺[C(O)NH$_2$]及卤素(Cl、F)等，这些吸电子基团的存在导致单体的极性增加，使C=C键上的π电子云密度降低，从而使得分子容易被自由基进攻，进而发生加成反应，生成单体自由基直至高分子聚合物。此外，在单体自由基中，由于吸电子基团的拉电子作

用可以降低体系的能量，增加单体自由基的稳定性，因此从能量角度来看，这类反应容易发生。对于类似苯乙烯、二乙烯基苯等单体而言，虽然取代基团为给电子基团，但是因为此类分子中存在共轭效应，分子易诱导极化，因而也容易发生自由基聚合反应。

4. 乳液聚合及无皂乳液聚合

乳液聚合是指聚合场所在乳液液滴中的聚合方法，是一种常用的聚合方法，用于聚合物原料或聚合物乳胶的生产。乳液聚合体系主要由单体、水、乳化剂和引发剂四组分构成。根据经典的 Smith-Ewart 乳液聚合机理，聚合反应的发生场合为表面活性剂形成的胶束内，如图 24-1 所示。乳化剂是乳液聚合的重要组成部分。在乳液聚合体系中，乳化剂的用量需要保持在其临界胶束浓度(critical micelle concentration，CMC)以上。乳液聚合体系中乳化剂的作用主要有以下几点：

(1) 降低水的表面张力，使单体分散成细小液滴。

(2) 形成增容胶束，增加油相单体在水溶液中的溶解度。

(3) 形成胶束，提供自由基引发聚合的场所。

(4) 聚合过程中以及聚合后期作为保护层，维持胶体颗粒的稳定性。

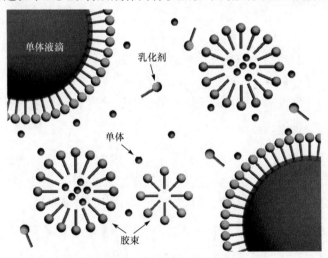

图 24-1 乳液聚合示意图

乳液聚合是一类高效的聚合物胶体颗粒制备方案，通过控制聚合条件(单体浓度、引发剂用量、乳化剂浓度等)可以得到不同粒径的聚合物胶体颗粒(50～500 nm)。乳液聚合的特点是反应体系黏度低，反应速率和产物相对分子质量可同步提高。

无皂乳液聚合是一种特殊的乳液聚合，在聚合过程中不加乳化剂，胶粒主要通过结合在聚合物链或其端基上的离子基团、亲水基团等而得以稳定。引入这些基团主要通过三种方法：①利用引发剂(如过硫酸盐)分解产生的离子型自由基；②与水溶性单体进行共聚，获得亲水基团；③加入离子型单体参加共聚，获得表面电荷。

关于无皂乳液聚合的机理，目前有两种比较成熟的理论。一是由 Fitch 等提出的"均相沉淀"机理。该理论认为，溶于水中的单体分子被引发后，链增长速度较快，当生成的聚合物分子链长达某一临界值时，水溶性降低，从水相中析出，形成初始的乳胶粒子。起初胶粒表面亲水性较低，不足以维持自身的稳定，便互相聚结直至生成更大的稳定胶粒。同时，胶粒被单体溶胀进行增长反应。该理论可以较好地解释甲基丙烯酸甲酯(MMA)、乙酸乙烯酯(VAc)等水溶性较大单体的聚合过程。而对于苯乙烯(St)等疏水性单体，Goodall 等根据其实验现象和结果提出了"齐聚物胶束"理论。该理论认为，反应开始时引发速率比链增长速率快，可以生成大量类似表面活性剂的齐聚物自由基，这些齐聚物自由基可以形成胶束并吸附单体分子或增长自由基进行反应。随着反应进行，单体不断消耗，聚合物胶体颗粒数目保持稳定，胶体颗粒不断长大，直至单体消耗完全。

三、实验仪器和材料

1. 单体纯化

实验仪器：具塞玻璃层析柱、脱脂棉、漏斗、玻璃棒、加压球、弯管塞、铝箔、铁架台、样品瓶。

实验材料：碱性氧化铝(200～300 目)、苯乙烯(分析纯)、乙醇。

2. 无皂乳液聚合

实验仪器：三口烧瓶(100 mL，19#)、玻璃塞、冷凝管、恒压漏斗、弯管塞、恒温磁力搅拌器、磁子、三抓夹、橡胶软管、橡胶塞、注射器、塑料离心管。

实验材料：水溶性引发剂过硫酸钾、去离子水、高纯氮气。

3. 胶体颗粒粒径、Zeta 电位、形貌、相对分子质量表征等

实验仪器：石英四通光比色皿、移液枪、塑料离心管、硅片、Nano-ZS 纳米粒度和 Zeta 电位分析仪、扫描电子显微镜、凝胶渗透色谱。

实验材料：去离子水。

四、实验步骤

1. 单体纯化

向出口端填充脱脂棉的具塞玻璃层析柱(直径约 20 mm)中装入长约 150 mm 的

碱性氧化铝(200～300 目)，真空压实后用铝箔包裹。从层析柱上端加入苯乙烯单体，待其自浸润至层析柱底部时打开旋钮，接收滤液。前期接收 10～15 mL 滤液后重新加入层析柱，更换新瓶接收滤液。收集到的纯化的苯乙烯单体避光低温存放待用。使用加压球将层析柱中的碱性氧化铝清除，并用乙醇充分冲洗层析柱，固体及液体废弃物按规定存放。

一般单体为了能够长时间存放，通常会加入微量的阻聚剂，并于棕色瓶内低温存储。对于苯乙烯而言，常用的阻聚剂是对苯二酚[含量为 0.02%～0.05%(质量分数)]。借助碱性氧化铝与对苯二酚的反应将对苯二酚截留在层析柱内，便可实现苯乙烯的纯化。

2. 无皂乳液聚合

按照图 24-2 搭建实验装置。向 100 mL 三口烧瓶中依次加入磁子和 60 mL 去离子水，在搅拌下通高纯氮气 3 min，然后加入 5 g 纯化单体苯乙烯。注意保证反应容器中的液面低于油浴液面。打开冷凝水，调节反应温度至 70℃，然后加入溶有 0.2 g 引发剂过硫酸钾的水溶液。开始计时，每 30 min 取样约 1 mL，置于冰水混合物快速冷却，同时观察体系颜色变化，连续取样 10 次，备用。聚合反应进行 6～8 h 后停止加热，使体系自然冷却至室温。

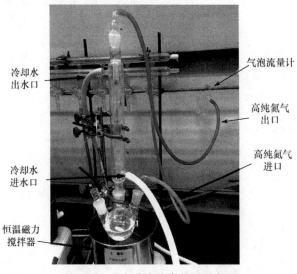

图 24-2　无皂乳液聚合装置示意图

五、实验结果与讨论

1. 聚合物胶体颗粒粒径、粒径分布、Zeta 电位

将分时取样样品稀释 10 倍左右，使用 Nano-ZS 纳米粒度和 Zeta 电位分析仪，

测试分时取样样品的流体力学直径及其分布和 Zeta 电位。分别以流体力学直径、粒径分布和 Zeta 电位为纵坐标，以聚合反应时间为横坐标作图，观察流体力学直径、粒径分布及 Zeta 电位随聚合时间的变化趋势。

2. 聚合物胶体颗粒自组装有序结构

取一干净培养皿，连续滴加聚合物胶体颗粒分散液，观察水挥发过程中的胶体成膜，观察不同角度膜颜色的变化(样品带回自己观测，拍照片记录)。

六、注意事项

(1) 实验前充分了解实验防护措施。
(2) 聚合反应过程中严禁无人值守。
(3) 仔细观察实验现象，做好实验记录。

七、思考题

(1) 无皂乳液聚合前，长时间通入高纯氮气的目的是什么？
(2) 聚合反应开始前，为什么要对单体进行纯化？
(3) 如何估算乳胶颗粒的数量？

八、参考文献

潘祖仁. 2003. 高分子化学. 北京: 化学工业出版社.

Goodall A R, Wilkinson M C, Hearn J. 1977. Mechanism of emulsion polymerization of styrene in soap-free systems. J Polym Sci Polym Chem, 15: 2193-2218.

Qiu D, Cosgrove T, Howe A M. 2005. Narrowly distributed surfactant-free polystyrene latex with a water-soluble comonomer. Macromol Chem Phys, 206: 2233-2238.

(邱　东)